文本大数据分析方法及应用

—— 基于主题模型和机器学习理论

吕晓玲　著

U0256033

机械工业出版社

本书基于作者多年来对于文本大数据的研究成果创作完成，主要分为两部分内容。第一部分包括前 5 章，基于主题模型，首先介绍了基础的主题模型及其推断、评价方法，然后介绍了多语料联合、动态稀疏等多角度的主题模型，以及主题模型的变点检测方法。第二部分包括后 3 章，基于机器学习和深度学习模型，包括文本分层分类模型、异质图新闻推荐模型以及基于多层级信息的多模态属性级情感分析模型。书中每种方法均配有实际分析案例。本书对文本分析方法的理论研究和实践应用有重要参考价值，可作为大学相关专业高年级本科生或研究生的入门教材，也可作为从事相关技术研发的开发人员的参考书。

图书在版编目（CIP）数据

文本大数据分析方法及应用：基于主题模型和机器学习理论 / 吕晓玲著. --北京：机械工业出版社，2024.12. -- ISBN 978-7-111-76981-1

Ⅰ. TP393.4

中国国家版本馆 CIP 数据核字第 2024AU3939 号

机械工业出版社（北京市百万庄大街 22 号　邮政编码 100037）

策划编辑：汤　嘉	责任编辑：汤　嘉　张金奎	
责任校对：牟丽英　薄萌钰	封面设计：张　静	
责任印制：常天培		

北京机工印刷厂有限公司印刷

2025 年 2 月第 1 版第 1 次印刷

169mm×239mm・10.5 印张・178 千字

标准书号：ISBN 978-7-111-76981-1

定价：49.00 元

电话服务　　　　　　　　　网络服务

客服电话：010-88361066　　机 工 官 网：www.cmpbook.com

　　　　　010-88379833　　机 工 官 博：weibo.com/cmp1952

　　　　　010-68326294　　金 书 网：www.golden-book.com

封底无防伪标均为盗版　　机工教育服务网：www.cmpedu.com

前　言

当今各种生产、交易和生活场景正在发生全面数字化转型，经济社会系统正在加速迈向数字时代。在智能、数字、网络三大要素的驱动下的数字技术将引领未来战略性科技发展趋势。在数字时代的大背景下，数字技术为统计学科提供了广泛而丰富的分析素材，同时也对统计测量、统计理论、统计算法提出了新的挑战。在数字时代中，数据科学是关键。数据科学带动多学科融合，其基础理论研究的重要性日益凸显。统计学作为数据科学的核心方法论，其理论与方法的进展将对我国数据科学以及数据技术的整体实力提升有着极其重要的意义。文本数据是一种重要的数据类型，对文本数据的充分分析，必将为社会生产生活带来重大效益。本书系统介绍文本数据的分析方法，对于数据科学的专业人士学习交流具有重要的意义和价值。

本书选题来源于教育部人文社会科学重点研究基地重大项目"数字时代的统计学理论与方法研究"（22JJD110001）。该项目的一个研究内容是动态文本大数据的理论与应用研究。本书在整理该项目研究成果以及作者与合作者多年来对于文本大数据的研究成果的基础上创作完成，主要分为两部分内容。

第 1 部分（前 5 章）基于主题模型，第 1 章介绍了基础的主题模型及其推断、评价方法。第 2 章介绍多语料联合主题模型，寻找多语料的共有主题以及各语料的特有主题，并应用到品牌竞争商业数据分析中。第 3 章介绍动态稀疏主题模型，在动态主题模型的基础上，实现了主题稀疏，并应用学术期刊、研究生论文集数据来分析学术热点转变。第 4 章介绍动态稀疏联合主题模型，实现多文档联动建模，并应用到学术会议与期刊语料的影响研究。第 5 章介绍混合贝叶斯变点检测模型，研究文本主题随时间的变化，并应用到商品评论等多个数据的分析中。

第 2 部分（后 3 章）基于机器学习和深度学习模型，第 6 章介绍文本分层分类模型，应用到团购商品标签分类、新闻数据分类等问题的研究中。第 7 章介绍异质图新闻推荐模型，应用到 MIND small 新闻数据集。第 8 章介绍基于多层级信息的多模态属性级情感分析模型，应用到 MASAD 数据集。

本书作者感谢合作者以及所带研究生长期以来的合作和付出，他们是王菲菲、赵俊龙、王小宁、范一苇、郭昱璇、邢晨、周睿、吴昆、朱彦頔、冯艺超、林中潭、周涛等。由于本书作者时间、能力有限，对于书中不足之处，敬请读者不吝赐教。

吕晓玲

2024 年 7 月 27 日于明德楼

目　录

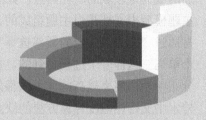

第 *1* 章

主题模型简介

1.1 基本概念与符号

对于文本数据，我们的目标是通过现有文档和其包含的单词去挖掘文档背后的语义信息。在众多的文本挖掘模型中，主题模型（Topic Model）因其有效性而逐渐成为该领域的研究热点。如图 1.1 所示，主题模型是一种生成式有向图模型，主题模型中文档是由主题组成的，而主题是单词的一个概率分布，即每个单词都是通过"文档以一定的概率选择某个主题，再从这个主题中以一定的概率选择某个单词"这样一个过程得到的。主题比例可以很好地表示文档的语义，而主题词分布中表达概率较高的词可以很好地表达主题的语义。主题模型克服了传统信息检索中文档相似度计算方法的缺点，并能够在海量数据中找出文字间的语义主题，所以其在自然语言处理、信息检索等领域有广泛的应用。

图 1.1　主题模型思路

对于主题模型，我们假定有 D 篇文档，文档集合记为 $M = \{W_1, \cdots, W_d, \cdots, W_D\}$，其中 W_d 是第 d 篇文档，$d = 1, 2, \cdots, D$。对于某一篇文档 d，我们假定文档有 N_d 个词，记为 $W_d = (w_{d1}, \cdots, w_{dn}, \cdots, w_{dN_d})$，其中 $w_{d,n}$ 是第 d 篇文档的第 n 个词，$n = 1, 2, \cdots, N_d$。这样当我们汇总所有的单词可以得到一个无重复的词汇集合 $w = \{w_1, \cdots, w_v, \cdots, w_V\}$，$V$ 是 D 篇文档单词的总数，w_v 是按序排列后的第 v 个单词，$v = 1, 2, \cdots, V$。假定文档有 K 个主题，主题模型的目标就是推断不同文档的主题分布 θ 和不同主题的词分布 β 信息。主题模型的主要符号见表 1.1。

表 1.1　主题模型的主要符号

符号	含义	类型
D	文档总数	常数
K	主题数量	常数
V	语料库的词总数	常数
θ_d	文档 d 的主题分布	K 维向量
$z_{d,n}$	文档 d 第 n 个词属于的主题	K 维向量
$\beta_{z_{d,n}}$	$z_{d,n}$ 对应的词分布	V 维向量
$\omega_{d,n}$	文档 d 第 n 个词语	字符串

1.2　基础主题模型

1.2.1　LDA 模型

隐含狄利克雷分布（Latent Dirichlet Allocation，LDA）模型是由 Blei 等（2003）（见文献 [1]）提出的主题模型。LDA 模型在主题模型领域的发展上有着相当重要的作用，许多主题模型都是基于 LDA 模型进行扩展延伸的。在假设文档包含多个主题的情况下，LDA 模型的思路是从这些主题中以一定概率选出一个主题，然后再从这个主题的词分布中选择一个词，不断循环，最终构建一篇文档。基于这样的思想，LDA 模型能够通过现有的文档数据推断出文档-主题的分布以及不同主题对应的词分布，从而挖掘文档背后的语义信息。

LDA 模型生成过程

在讨论 LDA 模型的理论基础前，我们先明确 LDA 模型所基于的假设。LDA 模型的主要假设有以下几个：

（1）假设文档中主题的数量已知；

（2）假设主题分布、词分布服从多项分布；

（3）假设主题分布、词分布可以从狄利克雷分布中抽样得到；

（4）假设词与词之间没有顺序关系，符合词袋模型。

基于以上的假定，我们构建 LDA 模型，其概率图模型结构如图 1.2 所示：

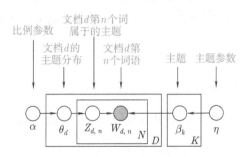

图 1.2　LDA 模型的概率图模型结构

LDA 模型具体的生成过程：

1. 对于主题 $k = 1, \cdots, K$：

从超参数为 η 的狄利克雷分布中抽样生成词分布 β_k：$\beta_k \sim \mathrm{Dir}(\eta)$。

2. 对于文档 $d = 1, \cdots, D$：

（1）从超参数为 α 的狄利克雷分布抽样生成 θ_d：$\theta_d \sim \text{Dir}(\alpha)$，其中 α 为狄利克雷分布的超参数

（2）对于文档 d 中的词 $n = 1, \cdots, N_d$：

1）从 θ_d 中抽样生成主题 $z_{d,n}$：$z_{d,n} \sim \text{Mult}(\theta_d)$

2）从 $\beta_{z_{d,n}}$ 中抽样生成词语 $w_{d,n}$：$w_{d,n} \sim \text{Mult}(\beta_{z_{d,n}})$

基于 LDA 模型的生成过程，我们可以发现在给定文档后我们需要估计的是文档-主题分布 θ 和主题-词分布 β，这里我们就用到了贝叶斯模型的 Dirichlet-Multinomial 共轭结构（详见本章附录）。具体来看，

对一个文档 d，记文档 d 中第 k 个主题的词的个数为 $n_d^{(k)}$，则对应的多项分布计数为 $\vec{n}_d = (n_d^{(1)}, n_d^{(2)}, \cdots, n_d^{(K)})$。由 Dirichlet-Multinomial 共轭结构：

$$\alpha \to \theta_d \to \vec{z}_d$$

$$p(\vec{z}_d, \theta_d | \alpha) = p(\theta_d | \alpha) \times \prod_{n=1}^{N_d} p(z_{d,n} | \theta_d)$$

$$= \text{Dirichlet}(\theta_d | \alpha) \times \text{Multinomial}(\vec{z}_d | \theta_d)$$

$$\propto \text{Dirichlet}(\theta_d | \vec{\alpha} + \vec{n}_d).$$

另一方面，对于一个主题 k，记主题 d 中第 v 个词的个数为 $n_k^{(v)}$，则对应的多项分布计数为 $\vec{n}_k = (n_k^{(1)}, n_k^{(2)}, \cdots, n_k^{(V)})$。由 Dirichlet-Multinomial 共轭结构：

$$\eta \to \beta_k \to \vec{w}_{(k)}$$

$$p(w_{d,n}, z_{d,n} = k, \beta_k | \eta) = p(\beta_k | \eta) p(w_{d,n} | z_{d,n}, \beta)$$

$$= \text{Dirichlet}(\beta_k | \eta) \times \text{Multinomial}(w_{d,n} | z_{d,n}, \beta)$$

$$\propto \text{Dirichlet}(\beta_k | \vec{\eta} + \vec{n}_k).$$

由于主题产生词不依赖具体某一个文档，因此文档主题分布和主题词分布是独立的。理解了上面的 $M+K$ 组 Dirichlet-Multinomial 共轭，我们就理解了 LDA 的基本原理。有关基于共轭结构模型如何求解每一篇文档的主题分布和每一个主题中词的分布的内容将在第 1.3 节参数推断方法中介绍。

1.2.2　DTM 模型

本节我们介绍 Blei 提出的另一个经典的主题模型: 动态主题模型（Dynamic Topic Model，DTM）（见文献 [2]）其模型概率图模型示意图，如图 1.3 所示。相较于 LDA 模型, DTM 模型引入时间动态的理念, 即考虑不同时刻数据的主题变化。DTM 模型的产生源于学术期刊、电子邮件、新闻文章和搜索查询日志等文档集合的主题含义是会随时间变化，比如 *Science* 的文章"劳尔德教授的大脑"和"通过揭开潜在的皮质内联系重塑皮层运动图"是同一条研究道路，但 1903 年对神经科学的研究看起来与 1991 年大不相同。文档集合中的主题随着时间的推移而发展，因此显式地建模底层主题的动态是很有意义的。

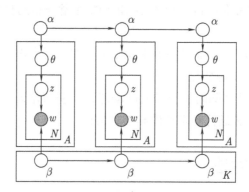

图 1.3　DTM 模型概率图模型示意图

与 LDA 模型相比，DTM 模型主要关注不同时刻主题含义的变化，相较于 LDA 模型引入时间切片，与时刻 t 相关的主题从时刻 $t-1$ 时刻的主题演化而来。我们的目的是描述主题随时间的演化，之前在 LDA 模型中主题-词分布 $\beta_{k,t}$ 由 Dirichlet 分布生成，用来模拟单词分布的不确定性，但 Dirichlet 分布并不适合序列建模，所以这里把每个主题的自然参数 $\beta_{t,k}$ 串在一个状态空间中，用高斯噪声演化模型：

$$\beta_{t,k} \sim N(\beta_{t-1,k}, \sigma^2 \boldsymbol{I})$$

通过对 t 时刻的 β_t 进行 Softmax 变换：$\pi(\beta_{k,t})_w = \dfrac{\exp(\beta_{k,t,w})}{\sum\limits_{w} \exp(\beta_{k,t,w})}$ 作为新的

主题-词分布参数。对于文档-主题分布参数也类似，因此可以得到 DTM 模型的生成过程如下：

6

1. 对于每个时刻 $t = 1, 2, \cdots, T$：

（1）抽取主题的词分布超参数 $\boldsymbol{\beta}_t | \boldsymbol{\beta}_{t-1} \sim N(\boldsymbol{\beta}_{t-1}, \sigma^2 \boldsymbol{I})$

（2）抽取文档的主题分布超参数 $\boldsymbol{\alpha}_t | \boldsymbol{\alpha}_{t-1} \sim N(\boldsymbol{\alpha}_{t-1}, \delta^2 \boldsymbol{I})$

2. 对于时刻 t 下的文档 $d = 1, \cdots, D_t$：

（1）从超参数为 α_t 的正态分布抽样生成文档主题分布参数 $\boldsymbol{\eta} : \boldsymbol{\eta} \sim N(\boldsymbol{\alpha}_t, a^2 \boldsymbol{I})$

（2）对于文档 d 中的词 $n = 1, \cdots, N_{td}$：

　　– 抽样生成主题 $z_{d,n} : z_{d,n} \sim \mathrm{Mult}(\pi(\boldsymbol{\eta}))$

　　– 抽样生成词语 $w_{d,n} : w_{t,d,n} \sim \mathrm{Mult}(\pi(\boldsymbol{\beta}_{t,z_{d,n}}))$

我们可以看到：

1. 每个主题-词分布的自然参数 $\boldsymbol{\beta}$ 和文档-主题分布的自然参数 $\boldsymbol{\alpha}$ 随着时间演变。

2. DTM 模型引入了时间动态的概念，后一时刻的主题从前一时刻演化而来，可以很好地建模反映主题变化。

3. 当水平箭头被移除时，打破时间动态，模型简化为一组独立的主题模型，按照 LDA 模型的方法进行静态建模和参数估计。

1.3　参数推断方法

本节主要介绍主题模型中参数的估计方法。以基础的 LDA 模型为例，我们将介绍两种在主题模型中常用的参数推断算法：变分贝叶斯和 Gibbs 抽样。

1.3.1　变分贝叶斯

变分贝叶斯算法希望通过变分推断（Variational Inference）和 EM 算法（Expectation-Maximization Algorithm）来得到 LDA 模型的文档主题分布和主题词分布。具体来看，我们需要估计参数 α, η 以及隐变量 θ, β, z。由于模型有部分变量是不可观测的，此时需要用 EM 算法进行参数估计：E 步先求出隐变量 θ, β, z 基于条件概率分布的期望，接着在 M 步极大化这个期望，得到更新的后验模型参数 α, η。在 E 步为了解决隐变量存在耦合的问题，我们引入变分推断，假设所有的隐藏变量都是通过各自的独立分布形成的，用各个独立分布形成的变分分布来模拟近似隐藏变量的条件分布。这样进行若干轮的 E 步和 M 步的迭代更新之后，我们就可以得到合适的近似隐变量分布 θ, β, z 和模型后验参数 α, η，进而就得到了我们需要的 LDA 文档主题分布和主题词分布。

推断思路

为了估计 LDA 的所有参数，我们需要解决的关键推断问题是计算给定文档的隐变量的后验分布：

$$p(\boldsymbol{\theta}, \boldsymbol{\beta}, \boldsymbol{z} \mid \boldsymbol{w}, \boldsymbol{\alpha}, \boldsymbol{\eta}) = \frac{p(\boldsymbol{\theta}, \boldsymbol{\beta}, \boldsymbol{z}, \boldsymbol{w} \mid \boldsymbol{\alpha}, \boldsymbol{\eta})}{p(\boldsymbol{w} \mid \boldsymbol{\alpha}, \boldsymbol{\eta})}.$$

不幸的是，这种分布由于变量之间存在耦合通常难以计算。因此我们引入基于平均场的假设的变分推断，假设所有的隐变量都是通过各自的独立分布形成的，我们用隐变量的分布近似真实分布 $p(\boldsymbol{\theta}, \boldsymbol{\beta}, \boldsymbol{z} \mid \boldsymbol{w}, \boldsymbol{\alpha}, \boldsymbol{\eta})$，具体操作如图 1.4 所示。

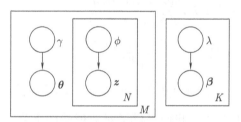

图 1.4　隐变量的变分参数

图 1.4 表示的是所有隐变量的变分参数，我们假设隐变量 $\boldsymbol{\theta}$ 是由独立分布 γ 形成的，隐变量 $\boldsymbol{z}$ 是由独立分布 ϕ 形成的，隐变量 $\boldsymbol{\beta}$ 是由独立分布 λ 形成的。这样我们得到了 3 个隐变量的联合变分分布 q 为：

$$\begin{aligned}
q(\boldsymbol{\beta}, \boldsymbol{z}, \boldsymbol{\theta} | \lambda, \phi, \gamma) &= \prod_{k=1}^{K} q(\boldsymbol{\beta}_k | \lambda_k) \prod_{d=1}^{M} q(\boldsymbol{\theta}_d, \boldsymbol{z}_d | \gamma_d, \phi_d) \\
&= \prod_{k=1}^{K} q(\boldsymbol{\beta}_k | \lambda_k) \prod_{d=1}^{M} \left(q(\boldsymbol{\theta}_d | \gamma_d) \prod_{n=1}^{N_d} q(\boldsymbol{z}_{dn} | \phi_{dn}) \right),
\end{aligned}$$

其中狄利克雷参数 γ, λ 和多项分布参数 $\phi_1, \cdots, \phi_N$ 是需要估计的分布参数。

在给定了简化的概率分布族之后，下一步是建立一个确定变分参数 γ, ϕ, λ 的优化问题。我们的目标是最小化变分分布 $q(\boldsymbol{\beta}, \boldsymbol{z}, \boldsymbol{\theta} | \lambda, \phi, \gamma)$ 和真实分布 $p(\boldsymbol{\theta}, \boldsymbol{\beta}, \boldsymbol{z} \mid w, \alpha, \eta)$ 的差异，也就是在数学意义上尽可能相似。因此我们考虑最小化变分分布和真实后验之间的 Kullback-Leibler（KL）散度：

$$(\lambda^*, \phi^*, \gamma^*) = \underbrace{\text{argmin}}_{\lambda, \phi, \gamma} D(q(\beta, z, \theta | \lambda, \phi, \gamma) || p(\theta, \beta, z | w, \alpha, \eta)),$$

其中 $D(q||p)$ 即为 KL 散度或 KL 距离，对应分布 q 和 p 的交叉熵，表示为：

$$D(q||p) = \sum_x q(x) \log \frac{q(x)}{p(x)} = E_{q(x)}(\log q(x) - \log p(x))。$$

为了估计 $\gamma^*, \phi^*, \lambda^*$，我们首先使用詹森不等式来限定文档的对数似然：

$$
\begin{aligned}
\log(w|\alpha, \eta) &= \log \iint \sum_z p(\theta, \beta, z, w|\alpha, \eta) \mathrm{d}\theta \mathrm{d}\beta \\
&= \log \iint \sum_z \frac{p(\theta, \beta, z, w|\alpha, \eta) q(\beta, z, \theta | \lambda, \phi, \gamma)}{q(\beta, z, \theta | \lambda, \phi, \gamma)} \mathrm{d}\theta \mathrm{d}\beta \\
&= \log E_q \frac{p(\theta, \beta, z, w|\alpha, \eta)}{q(\beta, z, \theta | \lambda, \phi, \gamma)} \\
&\geqslant E_q \log \frac{p(\theta, \beta, z, w|\alpha, \eta)}{q(\beta, z, \theta | \lambda, \phi, \gamma)} \\
&= E_q \log p(\theta, \beta, z, w|\alpha, \eta) - E_q \log q(\beta, z, \theta | \lambda, \phi, \gamma).
\end{aligned}
$$

我们看到詹森不等式为我们提供了对数似然的下界，记 $L(\lambda, \phi, \gamma; \alpha, \eta) = E_q \log p(\theta, \beta, z, w|\alpha, \eta) - E_q \log q(\beta, z, \theta | \lambda, \phi, \gamma)$，称为证据下界（Evidence Lower Bound, 简称为 ELBO）。接下来讨论 ELBO 和 KL 散度的关系：

$$
\begin{aligned}
&D(q(\beta, z, \theta | \lambda, \phi, \gamma) || p(\theta, \beta, z | w, \alpha, \eta)) \\
&= E_q \log q(\beta, z, \theta | \lambda, \phi, \gamma) - E_q \log p(\theta, \beta, z | w, \alpha, \eta) \\
&= E_q \log q(\beta, z, \theta | \lambda, \phi, \gamma) - E_q \log \frac{p(\theta, \beta, z, w|\alpha, \eta)}{p(w|\alpha, \eta)} \\
&= -L(\lambda, \phi, \gamma; \alpha, \eta) + \log(w|\alpha, \eta).
\end{aligned}
$$

在上式中，由于对数似然部分和 KL 散度无关，可以看作常量，因此我们的目的由极小化 KL 散度转为极大化 ELBO。现在我们来看 ELBO 的具体形式并求出极值对应的变分参数。

$$
\begin{aligned}
L(\lambda, \phi, \gamma; \alpha, \eta) = &E_q[\log p(\beta|\eta)] + E_q[\log p(z|\theta)] + E_q[\log p(\theta|\alpha)] + \\
&E_q[\log p(w|z, \beta)] - E_q[\log q(\beta|\lambda)] - \\
&E_q[\log q(z|\phi)] - E_q[\log q(\theta|\gamma)].
\end{aligned} \tag{1.1}
$$

我们首先来看第 1 项:

$$E_q[\log p(\beta|\eta)] = E_q\left[\log \prod_{k=1}^{K}\left(\frac{\Gamma(\sum\limits_{i=1}^{V}\eta_i)}{\prod\limits_{i=1}^{V}\Gamma(\eta_i)}\prod_{i=1}^{V}\beta_{ki}^{\eta_i-1}\right)\right]$$

$$= K\log\Gamma\left(\sum_{i=1}^{V}\eta_i\right) - K\sum_{i=1}^{V}\log\Gamma(\eta_i) + \sum_{k=1}^{K}E_q\left[\sum_{i=1}^{V}(\eta_i-1)\log\beta_{ki}\right].$$

$$(1.2)$$

现在唯一需要求的就是 $E_q\log(\beta_{ki})$。这里利用了指数分布族 $p(x|\theta) = h(x)$ $\exp(\eta(\theta)*T(x)-A(\theta))$ 的性质:

$$\frac{\mathrm{d}}{\mathrm{d}\eta(\theta)}A(\theta) = E_{p(x|\theta)}[T(x)].$$

由于 β 对应的狄利克雷分布是指数分布族,我们可以应用这个性质,将上式的最后一项转化为一个求导过程:

$$E_q\left[\sum_{i=1}^{V}\log\beta_{ki}\right] = \left(\log\Gamma(\lambda_{ki}) - \log\Gamma\left(\sum_{i'=1}^{V}\lambda_{ki'}\right)\right)' = \Psi(\lambda_{ki}) - \Psi\left(\sum_{i'=1}^{V}\lambda_{ki'}\right),$$

其中 $\Psi(x) = \dfrac{\mathrm{d}}{\mathrm{d}x}\log\Gamma(x) = \dfrac{\Gamma'(x)}{\Gamma(x)}$。

这样我们可以写出第 1 项的完整形式:

$$E_q[\log p(\beta|\eta)] = K\log\Gamma\left(\sum_{i=1}^{V}\eta_i\right) - K\sum_{i=1}^{V}\log\Gamma(\eta_i)+$$

$$\sum_{k=1}^{K}\sum_{i=1}^{V}(\eta_i-1)\left(\Psi(\lambda_{ki}) - \Psi\left(\sum_{i'=1}^{V}\lambda_{ki'}\right)\right). \quad (1.3)$$

类比求解第 1 项展开式的方法,我们可以得到其余 6 项展开式的形式:

$$E_q[\log p(z\mid\theta)] = \sum_{n=1}^{N}\sum_{k=1}^{K}\phi_{nk}\Psi(\gamma_k) - \Psi\left(\sum_{k'=1}^{K}\gamma_{k'}\right),$$

$$E_q[\log p(\theta\mid\alpha)] = \log\Gamma\left(\sum_{k=1}^{K}\alpha_k\right) - \sum_{k=1}^{K}\log\Gamma(\alpha_k)+$$

$$\sum_{k=1}^{K} (\alpha_k - 1) \left(\Psi(\gamma_k) - \Psi\left(\sum_{k'=1}^{K} \gamma_{k'} \right) \right),$$

$$E_q[\log p(w \mid z, \beta)] = \sum_{n=1}^{N} \sum_{k=1}^{K} \sum_{i=1}^{V} \phi_{nk} w_n^i \left(\Psi(\lambda_{ki}) - \Psi\left(\sum_{i=1}^{V} \lambda_{ki} \right) \right),$$

$$E_q[\log q(\beta \mid \lambda)] = \sum_{k=1}^{K} \left(\log \Gamma\left(\sum_{i=1}^{V} \lambda_{ki} \right) - \sum_{i=1}^{V} \log \Gamma(\lambda_{ki}) \right) +$$

$$\sum_{k=1}^{K} \sum_{i=1}^{V} (\lambda_{ki} - 1) \left(\Psi(\lambda_{ki}) - \Psi\left(\sum_{i'=1}^{V} \lambda_{ki} \right) \right),$$

$$E_q[\log q(z \mid \phi)] = \sum_{n=1}^{N} \sum_{k=1}^{K} \phi_{nk} \log \phi_{nk},$$

$$E_q[\log q(\theta \mid \gamma)] = \log \Gamma\left(\sum_{k=1}^{K} \gamma_k \right) - \sum_{k=1}^{K} \log \Gamma(\gamma_k) +$$

$$\sum_{k=1}^{K} (\gamma_k - 1) \left(\Psi(\gamma_k) - \Psi\left(\sum_{k'=1}^{K} \gamma_{k'} \right) \right).$$

到此为止，我们获得了 ELBO 关于变分参数 λ, ϕ, γ 的具体表达式，我们就可以用 EM 算法来迭代更新变分参数和模型参数了。

首先我们进行 E 步，即求解 KL 散度关于 λ, ϕ, γ 的导数并将其设为零，得到以下 3 个更新方程：

$$\phi_{nk} \propto \exp\left(\sum_{i=1}^{V} w_n^i \left(\Psi(\lambda_{ki}) - \Psi\left(\sum_{i'=1}^{V} \lambda_{ki'} \right) \right) + \Psi(\gamma_k) - \Psi\left(\sum_{k'=1}^{K} \gamma_{k'} \right) \right), \quad (1.4)$$

$$\gamma_k = \alpha_k + \sum_{n=1}^{N} \phi_{nk}, \quad (1.5)$$

$$\lambda_{ki} = \eta_i + \sum_{d=1}^{M} \sum_{n=1}^{N_d} \phi_{dnk} w_{dn}^i, \quad (1.6)$$

其中 $w_n^i = 1$ 当且仅当文档第 n 个词是词表中第 i 个词，其余情况为 0。

这样我们就得到了 EM 算法 E 步的更新结果，接下来进行 M 步：在固定 λ, ϕ, γ 的前提下极大化 ELBO 得到最优的模型参数 α, η。LDA 这里使用了

Newton-Raphson 法，通过求解 ELBO 关于 α, η 的一阶和二阶导数并迭代求解。具体形式如下：

$$\frac{\partial L}{\partial \alpha_i} = M \left(\Psi \left(\sum_{j=1}^{k} \alpha_j \right) - \Psi(\alpha_i) \right) + \sum_{d=1}^{M} \left(\Psi(\gamma_{di}) - \Psi \left(\sum_{j=1}^{k} \gamma_{d_j} \right) \right),$$

$$\frac{\partial^2 L}{\partial \alpha_i \alpha_j} = \delta(i,j) M \Psi'(\alpha_i) - \Psi' \left(\sum_{j=1}^{k} \alpha_j \right),$$

$$\frac{\partial L}{\partial \eta_i} = K \left(\Psi \left(\sum_{i=1}^{V} \eta_{i'} \right) - \Psi(\eta_i) \right) + \sum_{k=1}^{K} \left(\Psi(\lambda_{ki}) - \Psi \left(\sum_{i=1}^{V} \lambda_{ki'} \right) \right),$$

$$\frac{\partial^2 L}{\partial \eta_i \eta_j} = K \left(\Psi' \left(\sum_{i=1}^{V} \eta_{i'} \right) - \delta(i,j) \Psi'(\eta_i) \right).$$

其中当且仅当 $i = j$ 时，$\delta(i,j) = 1$，其余情况为 0。

求出 ELBO 关于 α, η 的一阶和二阶导数后我们利用 Newton-Raphson 法可以得到 α, η 的更新公式为：

$$\alpha_k = \alpha_k + \frac{\nabla_{\alpha_k} L}{\nabla_{\alpha_k \alpha_j} L}, \tag{1.7}$$

$$\eta_i = \eta_i + \frac{\nabla_{\eta_i} L}{\nabla_{\eta_i \eta_j} L}. \tag{1.8}$$

综上所述，我们在算法 1.1 中总结了 LDA 的变分贝叶斯推断过程。

算法 1.1　LDA 模型的变分贝叶斯算法

输出：模型隐变量 λ, ϕ, γ，参数 α, η 估计结果

1: 初始化 λ, ϕ, γ，进行 LDA E 步迭代，依据式 (1.4) 式 (1.5) 式 (1.6) 更新 λ, ϕ, γ，若结果收敛，输出 ELBO，跳出此步；

2: 进行 LDA M 步迭代，依据式 (1.7) 式 (1.8) 更新 α, η；

3: 如果 EM 算法所有参数收敛，则输出参数结果，否则回到第 1 步。

1.3.2　Gibbs 抽样

LDA 模型在被提出时，是通过变分 EM 算法来求解参数估计的。Griffiths and Steyvers（2004）（见文献 [3]）根据 LDA 模型的生成过程提出了坍塌吉布斯

采样（Collapsed Gibbs Sampling）。新的算法不仅能够提高参数估计的速度，并且利用马尔可夫链蒙特卡罗（Markov Chain Monte Carlo，MCMC）的原理保证了估计的性质。

根据 Gibbs 采样方法可以发现，求解 LDA 模型参数估计的关键在于得到 $\vec{z}, \vec{w}$ 的联合分布表达式。

对于单个文档 d 有：

$$
\begin{aligned}
p(\vec{z}_d | \vec{\alpha}) &= \int p(\vec{z}_d, \vec{\theta}_d | \alpha) \mathrm{d} \vec{\theta}_d \\
&= \int p(\vec{z}_d | \vec{\theta}_d) p(\theta_d | \vec{\alpha}) \mathrm{d} \vec{\theta}_d \\
&= \int \prod_{k=1}^{K} p_k^{n_d^{(k)}} \mathrm{Dirichlet}(\vec{\alpha}) \mathrm{d} \vec{\theta}_d \\
&= \int \prod_{k=1}^{K} p_k^{n_d^{(k)}} \frac{1}{\Delta(\vec{\alpha})} \prod_{k=1}^{K} p_k^{\alpha_k - 1} \mathrm{d} \vec{\theta}_d \\
&= \frac{1}{\Delta(\vec{\alpha})} \int \prod_{k=1}^{K} p_k^{n_d^{(k)} + \alpha_k - 1} \mathrm{d} \vec{\theta}_d \\
&= \frac{\Delta(\vec{n}_d + \vec{\alpha})}{\Delta(\vec{\alpha})}.
\end{aligned}
$$

对于所有文档有：

$$
p(\vec{z} | \vec{\alpha}) = \prod_{d=1}^{M} p(\vec{z}_d | \vec{\alpha}) = \prod_{d=1}^{M} \frac{\Delta(\vec{n}_d + \vec{\alpha})}{\Delta(\vec{\alpha})}.
$$

同理，对所有主题的词条件分布 $p(\vec{w} | \vec{z}, \vec{\eta})$ 为：

$$
p(\vec{w} | \vec{z}, \vec{\eta}) = \prod_{k=1}^{K} p(\vec{w}_k | \vec{z}, \vec{\eta}) = \prod_{k=1}^{K} \frac{\Delta(\vec{n}_k + \vec{\eta})}{\Delta(\vec{\eta})}.
$$

由此可以知道全部文档的 $\vec{z}, \vec{w}$ 的联合概率密度形式：

$$
\begin{aligned}
p(\vec{w}, \vec{z}) &\propto p(\vec{w}, \vec{z} | \vec{\alpha}, \vec{\eta}) \\
&= p(\vec{z} | \vec{\alpha}) p(\vec{w} | \vec{z}, \vec{\eta})
\end{aligned}
$$

$$= \prod_{d=1}^{M} \frac{\Delta(\vec{n}_d + \vec{\alpha})}{\Delta(\vec{\alpha})} \prod_{k=1}^{K} \frac{\Delta(\vec{n}_k + \vec{\eta})}{\Delta(\vec{\eta})}.$$

接下来根据上面的联合概率密度，求 Gibbs 采样需要的 $p(z_i = k|\vec{w}, \vec{z}_{\neg i})$，此处的 i 是一个二维标记，对应第 d 篇文档的第 n 个词，即 $i = (d, n)$。

对于 $i = (d, n)$，它对应的词 w_i 是可观测的，因此：

$$p(z_i = k|\vec{w}, \vec{z}_{\neg i}) \propto p(z_i = k, w_i = t|\vec{w}_{\neg i}, \vec{z}_{\neg i})$$

对于 $z_i = k, w_i = t$，只关系到第 d 篇文档和第 k 个主题的共轭结构，其他部分相互独立不受影响。如果在语料库中去掉 z_i, w_i 不会改变共轭结构，但是词的计数 $\vec{n}_d, \vec{n}_k$ 会受到影响。

$$p(\vec{\theta}_d|\vec{w}_{\neg i}, \vec{z}_{\neg i}) = \text{Dirichlet}(\vec{\theta}_d|\vec{n}_{d,\neg i} + \vec{\alpha})$$
$$p(\vec{\beta}_k|\vec{w}_{\neg i}, \vec{z}_{\neg i}) = \text{Dirichlet}(\vec{\beta}_k|\vec{n}_{k,\neg i} + \vec{\eta})$$

那么 Gibbs 采样关注的条件概率 $p(z_i = k|\vec{w}, \vec{z}_{\neg i})$：

$$p(z_i = k|\vec{w}, \vec{z}_{\neg i}) \propto p(z_i = k, w_i = t|\vec{w}_{\neg i}, \vec{z}_{\neg i})$$
$$= \int\!\!\int p(z_i = k, w_i = t, \vec{\theta}_d, \vec{\beta}_k|\vec{w}_{\neg i}, \vec{z}_{\neg i}) \mathrm{d}\vec{\theta}_d \mathrm{d}\vec{\beta}_k$$
$$= \int\!\!\int p(z_i = k, \vec{\theta}_d|\vec{w}_{\neg i}, \vec{z}_{\neg i}) p(w_i = t, \vec{\beta}_k|\vec{w}_{\neg i}, \vec{z}_{\neg i}) \mathrm{d}\vec{\theta}_d \mathrm{d}\vec{\beta}_k$$
$$= \int\!\!\int p(z_i = k|\vec{\theta}_d) p(\vec{\theta}_d|\vec{w}_{\neg i}, \vec{z}_{\neg i}) p(w_i = t|\vec{\beta}_k) p(\vec{\beta}_k|\vec{w}_{\neg i}, \vec{z}_{\neg i}) \mathrm{d}\vec{\theta}_d \mathrm{d}\vec{\beta}_k$$
$$= \int p(z_i = k|\vec{\theta}_d) \text{Dirichlet}(\vec{\theta}_d|\vec{n}_{d,\neg i} + \vec{\alpha}) \mathrm{d}\vec{\theta}_d \times$$
$$\quad \int p(w_i = t|\vec{\beta}_k) \text{Dirichlet}(\vec{\beta}_k|\vec{n}_{k,\neg i} + \vec{\eta}) \mathrm{d}\vec{\beta}_k$$
$$= \int \theta_{dk} \text{Dirichlet}(\vec{\theta}_d|\vec{n}_{d,\neg i} + \vec{\alpha}) \mathrm{d}\vec{\theta}_d \times$$
$$\quad \int \beta_{kt} \text{Dirichlet}(\vec{\beta}_k|\vec{n}_{k,\neg i} + \vec{\eta}) \mathrm{d}\vec{\beta}_k$$
$$= E_{\text{Dir}(\theta_d)}(\theta_{dk}) \times E_{\text{Dir}(\beta_k)}(\beta_{kt})$$

根据狄利克雷分布的期望公式：

$$E_{\mathrm{Dir}(\theta_d)}(\theta_{dk}) = \frac{n_{d,\neg i}^k + \alpha_k}{\sum\limits_{s=1}^K (n_{d,\neg i}^s + \alpha_s)},$$

$$E_{\mathrm{Dir}(\beta_k)}(\beta_{kt}) = \frac{n_{k,\neg i}^t + \eta_t}{\sum\limits_{f=1}^V (n_{k,\neg i}^f + \eta_f)},$$

得到最终表达式 $p(z_i = k|\vec{w}, \vec{z}_{\neg i})$：

$$p(z_i = k|\vec{w}, \vec{z}_{\neg i}) = \frac{n_{d,\neg i}^k + \alpha_k}{\sum\limits_{s=1}^K (n_{d,\neg i}^s + \alpha_s)} \times \frac{n_{k,\neg i}^t + \eta_t}{\sum\limits_{f=1}^V (n_{k,\neg i}^f + \eta_f)}.$$

综上所述，我们于算法 1.2 中总结 LDA 模型的 Gibbs 采样算法：

算法 1.2　LDA 模型的 Gibbs 采样算法

输出：待抽样的概率密度分布 $p(\vec{w}, \vec{z}|\vec{\eta}, \vec{\alpha})$；

1: 随机初始化 $z_i^{(0)} = z_i^{(0)}, i = (d, n), d = 1, 2, \cdots, M, n = 1, 2, \cdots, N_d$

2: **while** $t = 0, 1, 2, \cdots$ **do**

3:　　**for** $i = (d, n); d = 1, 2, \cdots, M; n = 1, 2, \cdots, N_d$ **do**

4:　　　$z_i^{(t)} \sim p(z_i|\vec{w}, \vec{z}_{\neg i}^{(t-1)})$

5:　　**end for**

6: **end while**

1.4　评价指标

这一节我们介绍文本主题模型的数量指标，可以用来评价主题模型的效果。这些指标包括评估模型的泛化能力、主题一致性识别和主题相似性识别等。我们所有的指标都基于静态主题模型介绍，对于动态模型，指标为所有时刻下的结果加和。

1.4.1　评价模型的泛化能力

困惑度（Perplexity）最早是由 Blei 等人（2003）（见文献 [1]）提出的评价文本数据模型效果好坏的最常用评价指标。困惑度指标体现的是模型本身的泛化能力和对新文本适用能力的程度。在文本测试集上计算出的困惑度越低，表明模型的泛化能力和对新文本的适用能力越强，效果越好。困惑度指标定义如下：

$$\mathrm{Perplexity}\left(D_{\mathrm{test}}\right) = \exp\left(-\frac{\sum\limits_{d=1}^{D}\log p\left(w_d\right)}{\sum\limits_{d=1}^{D}N_d}\right),$$

其中，

$$\log p\left(w_d\right) = \sum_n \log p\left(w_n\right),$$

$$p\left(w_n\right) = \sum_z p(z\mid d)p\left(w_n\mid z,d\right),$$

D_{test} 是一个文档集合，w_d 是文档 d 的词向量，N_d 是文档 d 的词数。

困惑度的基本思想是：在模型训练好的主题词分布下，如果数据集文档中的词向量具有的概率值越高，那么训练的主题模型越好。从上面的公式定义可以看出，生成模型得到的词向量概率越大，计算得到的困惑度越小，模型效果就越好。

1.4.2　评价主题内部的一致性

这一小节我们介绍两个评价主题内部一致性的指标：一致性得分（Coherence Score）和点间互信息 PMI（Pointwise Mutual Information）（见文献 [4]），它们假设属于同一主题的单词在同一文档中共同出现的概率更高。因此，这两个度量指标是为每个主题定义的，指标越高越好。

1. 点间互信息（PMI）

首先我们给出 PMI 的形式：

$$\mathrm{PMI}_k = \frac{2}{L(L-1)} \sum_{1\leqslant l,l'\leqslant K} \log\frac{p\left(w_l,w_{l'}\right)}{p\left(w_l\right)p\left(w_{l'}\right)}.$$

可以看到，对某一个给定的主题 k 以及这个主题的前 L 个主题词，$p(w_i,w_j)$ 为两个词共同出现在一篇文档中的概率，$p(w_i)$ 为该词出现在一篇文档中的概率。这一指标可以衡量提取出来的主题词是否合理，PMI 取值越大说明这个主题的主题词越容易同时出现在同一篇文档中，也就说明这个主题的主题词越合理。如果将所有主题的 PMI 取平均，那么就可以对不同的提取主题词的方法进行对比。

2. 一致性得分（CS）

与 PMI 不同，CS 直接考虑了包含相同主题词的文档计数。CS 将 $F(w)$ 定义为包含单词 w 的文档数量，$F(w,w')$ 定义为包含单词 w 和 w' 的文档数量，具体形式如下：

$$CS_k = \sum_{l=2}^{L} \sum_{l'=1}^{l-1} \log \frac{F(w_l, w_{l'}) + 1}{F(w_{l'})}.$$

更高的一致性得分表示更好的主题可解释性，意味着主题更有意义，还有语义上更连贯。这样我们对所有提取出来的主题的 CS_k 求和，就可以作为衡量模型主题好坏的指标，该指标越大，模型越好。

1.4.3 评价不同主题间的相似性

对称 KL 散度（sKL）可以用于度量一对主题的相似性。我们利用 sKL 散度来估计对偶概率分布之间的相似性，以表示概率分布的自然距离度量。因此，sKL 散度越大，代表主题间的差异越大，主题间的含义区分越明显，效果越好。具体来说，对于两个主题 k, k'，我们定义 $p_{t,k} = (p_{k,1}, \cdots, p_{k,V})^{\mathrm{T}}$ 和 $p_{k'} = (p_{k',1}, \cdots, p_{k',V})^{\mathrm{T}}$ 是主题 k, k' 的词分布，那么两个主题的 sKL 的定义如下：

$$sKL_{k,k'} = \frac{1}{2} \sum_{i=1}^{V} \left(p_{t,k,i} \log \frac{p_{t,k,i}}{p_{t,k',i}} \right) + \frac{1}{2} \sum_{i=1}^{V} \left(p_{t,k',i} \log \frac{p_{t,k',i}}{p_{t,k,i}} \right).$$

对于模型的 sKL，我们首先计算模型任意两个主题的这个度量，然后计算平均值。可以看到，与 CS 和 PMI 不同，sKL 直接测量两个任意主题之间的差异，从而评估主题的可区分性。它假设高质量的主题应该彼此不同，从而可以区分。

1.5 实例应用

本节我们以 1988～2019 年中国人民大学统计学院硕博论文题目为文本数据，运用 LDA 模型对文本数据进行建模。我们首先进行分词和去停用词，随后给出一些描述性分析结果，最后我们展示 LDA 的建模过程。

我们选择论文发表时间（年份）以及论文题目（题名）这两个字段，时间跨度自 1988～2019 年，共包含 2122 篇论文的数据。部分示例数据见表 1.2。

表 1.2　中国人民大学统计学院硕博论文数据示例

年份	题目
1988	我国建筑产品价格指数理论与编制方法的探讨
1990	综合统计数据库中查询子系统的设计与实现
1995	我国城镇企业职工养老保险基金交付系统研究
2000	人民币均衡汇率研究
2010	改进的动态 DEA 模型及其在并购绩效中的应用研究
2019	基于决策树与随机森林的临床实验室能力验证方法的研究

接下来对数据进行预处理，主要包括：划分时间区间和数据周期，去掉停词和低频词。具体的数据预处理过程如下：对于每一条论文题目数据，使用 Python 语言中的 jieba 库进行去标点和数字、分词操作，通过中文停用词词典去除停用词，同时去除诸如 "研究""方法""理论""基础" 等出现频率较高但无特指含义，会污染结果的词汇，最后剔除出现次数小于 3 的词。数据预处理结果见表 1.3。

表 1.3　分词结果示例

年份	题名	分词结果
1988	农村家庭收入与消费之间关系的统计分析	['农村', '家庭收入', '消费', '关系', '统计分析']
1990	确定个人收入分配政策目标的投入产出方法初探	['个人收入', '分配', '政策', '目标', '投入产出', '初探']
2000	现金流量分析在寿险产品定价中的应用	['现金流量', '寿险', '产品', '定价']
2010	我国通货膨胀与经济增长的门限效应研究	['我国', '通货膨胀', '经济', '增长', '门限', '效应']
2019	正态分布重叠系数的置信区间估计	['正态分布', '重叠', '系数', '置信区间', '估计']

各年的文档数量和分词数量如图 1.5 所示。可以看到，2003 年之后，文档和分词数量有比较快的上升，2005 年相较去年增长了近一倍。之后我们将分词结果转化成字典形式用于放入后续 LDA 模型。这里我们选取主题数 $K = 5$，用词云图画出各个主题的词分布，结果见图 1.6。图中字体越大的词表示该主题下表达概率越高，可以看到 5 个主题内容涵盖模型回归与变量选择、经济企业发展、利用时间序列和量化投资对股票市场预测、银行保险投资和神经网络算法。LDA 可以识别文本的内在信息，进而帮助我们对于其内在含义进行挖掘。

接下来我们用 DTM 模型来进行文本分析。为了更清晰地展示主题关注方向随时间的变化，我们选取了 1999 年、2004 年、2009 年、2014 年和 2019 年的摘要数据。图 1.7 展示了 DTM 的其中一个主题的建模结果，可以看到 "网络" 一词随着时间的推移出现概率增加，但是 "消费者" 一词出现概率减少，从论文实际结果可以看到 1999 年的论文，主要关注消费者市场的用户特征和分类问题，但是随着时间的推移，研究方法使用网络分析的文章开始增加，关注的问题也不限于消费者。

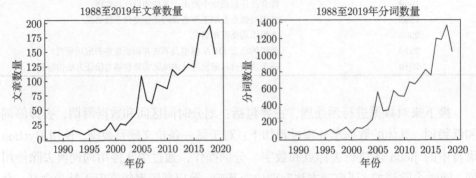

图 1.5　中国人民大学统计学院每年硕博论文发表文章数量（左）和分词数量（右）

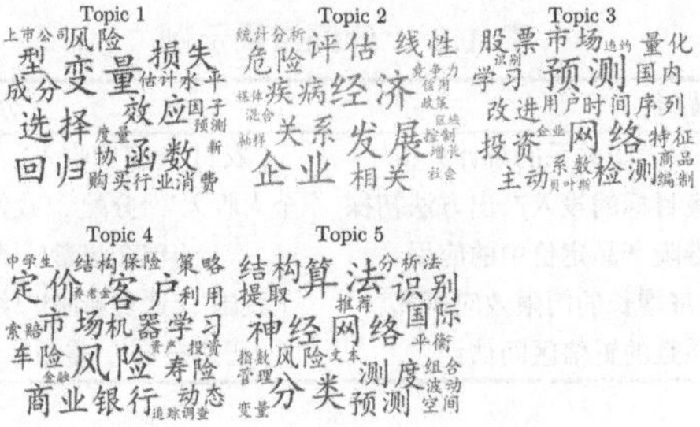

图 1.6　LDA 主题词分布建模结果

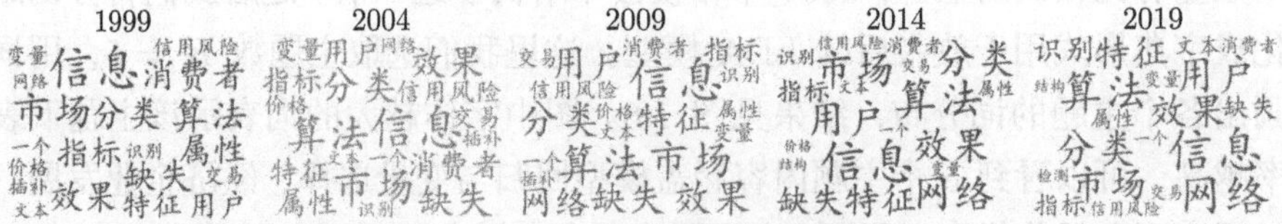

图 1.7　DTM 主题词分布建模结果

1.6　模型拓展

以 LDA 为基础的概率主题模型在近 20 年来发展非常迅速，关注问题包括但不限于短文本建模、有监督建模、文本作者研究偏好、主题含义随时间演化、主题稀疏等多方面研究，主题模型的输入也由词袋形式拓展为了词向量的形式。本节介绍选取短文本、有监督问题和词向量建模的代表模型，感兴趣的读者可以自行查看其他主题建模问题。

1.6.1　短文本建模

BTM（Biterm Topic Model）（见文献 [5]）是 Wallach 在 2006 年提出的一个以狄利克雷分布构造的二元语言模型。BTM 和 LDA 都是主题模型，即给定一篇文档，指定一个主题的个数，这两个模型都会生成每个主题的关键词，以及在一篇新的文档中各个主题的概率有多大。但是传统的主题模型（如 LDA）在处理短文本时，例如，直播间弹幕、微博文本等，会因为文本中的词过于稀疏，即使得到模型的效果不够好。LDA 中每个文档对应一个文档-主题分布，每一个词对应一个主题 z，对于短文本来说，由于词非常少，由 $\theta \to z$ 这一步的效果可能因为稀疏不太好。另外由于每个文本单独对应一个 θ，所以增加文本数量不能克服这种短文本带来的缺陷。在这样的背景下，文章引入了 biterm 的概念，这可以理解为短文本中共同出现的一对无顺序的词语组合：

1. "I visit apple store." 在去掉停用词 I 后，一共有 3 个 biterm："visit apple"，"visit store' 和 "apple store"；

2. "清风明月，草长莺飞，杨柳依依." 断句分词之后，得到 3 个 biterm:['清风明月','草长莺飞'] ['杨柳依依','草长莺飞'] ['清风明月','杨柳依依']。

这些从全文档中提取出的 biterm 构成了 BTM 的训练数据。使用 biterm 可以将词语的共现关系直接提取并建模，解决了 LDA 在文本过短、词语数目过少的时候模型变差的问题。即使一个文本中只有 5 条单词，那么也会有 $C_5^2 = 10$ 个 biterm，相当于增加了可利用的数据量。因此，使用 biterm 来作为基本的分析单位，能比 LDA 更好地显示文章的隐藏主题。我们来看 BTM 的生成过程：

1. 对于每一个主题 z，从 $\mathrm{Dir}(\beta)$ 中取样生成一个主题-词的分布 ϕ

2. 从 $\mathrm{Dir}(\alpha)$ 中取样生成整个集合的主题分布 θ

3. 每一个 biterm 的生成：

    a. 抽取一个主题 $z \sim \mathrm{Mult}(\theta)$

    b. 抽取两个单词 $\omega_i, \omega_j \sim \mathrm{Mult}(\phi_z)$

可以从图 1.8 和生成过程看到，LDA 模型中每个词对应于一个主题 z，BTM 中约束了两个词组成一个 biterm 对应于一个主题 z，这个假设非常接近人类的认知，因为我们知道，通常在较短的一段文本内，主题的变化不大。这样 BTM 使用 biterm 即一对词语建模，可以有效解决词稀疏问题。

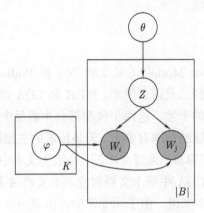

图 1.8   BTM 概率图模型示意图

1.6.2   有监督模型

LDA 是一种无监督的主题模型，对于有监督问题（即文本有类别标签），之前的做法是将 LDA 提取的每篇文档在主题上的分布概率作为解释性变量，然后再用于文本分类任务，因此这是一种两步建模的方法。但在实际中，每篇文档都对应一些具体的内容，例如文档有它的标签，评论文档有它的评分。在 2007 年，Blei 和 McAuliffe（见文献 [6]）将两步合二为一，针对有标签内容的文档进行了建模，提出了 sLDA（supervised Latent Dirichlet Allocation）。该模型直接在主题建模过程中融入标签 Y 的信息，其中 Y 可以是连续型或类别型变量。sLDA 关注有响应变量的文档，如电影评论有数字作为评级、论文有下载次数，可以对其建立监督主题模型。

我们来看 sLDA 的生成过程：

1. 抽取主题比例 $\theta \mid \alpha \sim \mathrm{Dir}(\alpha)$

2. 对于每一个词：

    a. 抽取一个主题 $z_n \mid \theta \sim \mathrm{Mult}(\theta)$

    b. 抽取一个单词 $\omega_n \mid z_n, \beta_{1:K} \sim \mathrm{Mult}(\beta_{zn})$

3. 抽取相应变量 $y \mid z_{1:N}, \eta, \delta \sim \mathrm{GLM}(\bar{z}, \eta, \delta)$

其中第 3 步是该模型的创新部分，即加入了回归。我们可以看到 sLDA 中解决的是单一标签问题，也就是只能有一个 Y（比如 Y = 电影评分）。现实中还经常碰到多标签问题，比如对于一条电影评论，既有电影评论，也有其他用户给出的"有用性评分（Helpfulness）"。Daniel Ramage 等学者（见文献 [7]）在 2009 年提出了 Labeled LDA 模型，主要用于对有标签的文档进行建模，可以处理多标签问题。该模型将主题与标签进行一一映射，假设每个标签下都有一个或几个对应的主题，从而较好地完成了多标签的分类问题。例如，在文章的 Abstract 后面会跟上 Key Words，其中 Key Words 决定了这篇论文（或摘要）要讨论的话题，因此在建模时，可以使用 Key Words 来约束摘要的主题。Labeled LDA 实际应用包括多标签文档分类、主题可视化、标签文档可视化等。

1.6.3　词向量主题模型

前面提到的主题模型都是将文档语料转化为词袋形式进行建模，但是这种方式对于大规模语料库表现不佳，因为过大的词表会导致词项稀疏，同时文本需要进行严格的预处理，如去高低频词、单词变体还原等，这为主题建模带来了困难。面对这种情况，Dieng 等人（见文献 [8]）提出了一种文档生成式模型（Embedded Topic Model, ETM 模型），将传统主题模型与词嵌入相结合，可以用一个多项分布对每个单词进行建模，多项分布的参数是词嵌入与指定主题嵌入的内积。对于包含罕见词和停止词的大型词汇表，ETM 也能够发现可解释的主题，在主题质量和预测性能方面都优于现有的模型如 LDA 等。ETM 的生成过程如下：

1. 抽取主题比例 $\theta \sim LN(0, I)$，其中 $LN(\cdot)$ 代表对数正态分布；
2. 对于每一个词：
   a. 抽取一个主题 $z_n \sim \mathrm{Mult}(\theta)$
   b. 抽取一个单词 $\omega_n \sim \mathrm{Mult}\left(\rho^{\mathrm{T}} \alpha_{z_n}\right)$

我们可以看到步骤 1 和步骤 2a 是主题建模的标准步骤：它们将文档表示为主题上的分布，并为每个观察到的单词分配一个对应的主题。但是在步骤 2b 中，模型使用单词嵌入 ρ 和指定的主题嵌入 α_{z_n} 来从指定的主题中提取观察到的单词。

参考文献

[1] BLEI D M, NG A Y, JORDAN M I. Latent dirichlet allocation [J]. Journal of machine Learning research, 2003, 3(Jan): 993-1022.

[2] BLEI D M, LAFFERTY J D. Dynamic topic models[C]//Proceedings of the 23rd international conference on Machine learning. 2006: 113-120.

[3] GRIFFITHS T L, STEYVERS M. Finding scientific topics[J]. Proceedings of the National academy of Sciences, 2004, 101(suppl_1): 5228-5235.

[4] NEWMAN D, LAU J H, GRIESER K, et al. Automatic evaluation of topic coherence[C]//Human language technologies: The 2010 annual conference of the North American chapter of the association for computational linguistics. 2010: 100-108.

[5] YAN X, GUO J, LAN Y, et al. A biterm topic model for short texts[C]// Proceedings of the 22nd international conference on World Wide Web. 2013, 1445-1456.

[6] MCAULIFFE J, BLEI D. Supervised topic models[J]. Advances in neural information processing systems, 2007, 20.

[7] RAMAGE D, HALL D, NALLAPATI R, et al. Labeled LDA: A supervised topic model for credit attribution in multi-labeled corpora[C]//Proceedings of the 2009 conference on empirical methods in natural language processing. 2009, 248-256.

[8] DIENG A B, RUIZ F J R, BLEI D M. Topic modeling in embedding spaces[J]. Transactions of the Association for Computational Linguistics, 2020, 8: 439-453.

附录: Dirichlet-Multinomial 共轭结构

为了对 LDA 模型进行参数估计，在求解前先要理解贝叶斯方法的一些基本思想。我们首先介绍用贝叶斯方法求后验概率。贝叶斯公式为

$$p(\theta|x) \propto p(x|\theta)p(\theta)$$

其中 $p(\theta)$ 是参数的先验分布，$p(x|\theta)$ 是样本似然函数，我们基于先验分布和样本似然可以推出参数的后验分布 $p(\theta|x)$。结合上面的贝叶斯公式，我们可以证明 Dirichlet-Multinomial 共轭，即在先验分布为 Dirichlet 分布，似然函数服从多项分布时，后验分布也为 Dirichlet 分布。我们首先写出多项分布和 Dirichlet 分布的表达式:

$$\text{Multinomial}(\vec{m}|n, \vec{p}) = \frac{n!}{\prod(m_i!)} \prod p_i^{m_i}$$

$$\text{Dirichlet}(\vec{p}|\vec{\alpha}) = \frac{\Gamma(\sum \alpha_i)}{\prod \Gamma(\alpha_i)} \prod p_i^{\alpha_i-1} \triangleq \frac{1}{\Delta(\vec{\alpha})} \prod p_i^{\alpha_i-1}$$

其中 $\vec{p}$ 为需要估计的参数，n 为样本总数，m 为观测数，$\vec{\alpha}$ 为 Dirichlet 分布超参数。我们把狄利克雷分布和多项分布结合到一起，得到后验分布如下:

$$p(\vec{p}|\vec{m}, \vec{\alpha}) \propto \text{Multinomial}(\vec{m}|n, \vec{p})\text{Dirichlet}(\vec{p}|\vec{\alpha})$$

$$= \frac{n!}{\prod(m_i!)} \prod p_i^{m_i} \times \frac{\Gamma(\sum \alpha_i)}{\prod \Gamma(\alpha_i)} \prod p_i^{\alpha_1 - 1}$$

$$\propto \prod p_i^{m_i + \alpha_i - 1}$$

$$\propto \text{Dirichlet}(\vec{p}|\vec{\alpha} + \vec{m})$$

　　基于 Dirichlet-Multinomial 共轭结构，LDA 模型可以写成联合概率的形式，为之后变分 EM 算法和 Gibbs 采样方法做准备。

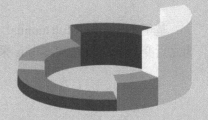

第 *2* 章

多语料联合主题
模型

2.1　基本概念与符号

电商平台的评论充分反映了顾客对所购买产品或服务的意见，分析网络评论为了解用户的需求和态度提供了可靠的途径。为了分析多个竞争品牌的优势和劣势，研究者提出了一个联合品牌潜狄利克雷分配模型（Brand Jointly Latent Dirichlet Allocation model，BJ-LDA），以同时分析多个品牌语料库，特别是多品牌的在线评论文本。该模型可以挖掘多个品牌的共有特征（即用户评论的细粒度对象，如食品、饮料等）及对应意见（即用户对评论对象发表的情感意见，如美味、不错等），也可以挖掘每个品牌的独有特征及用户意见。研究结果可以深入帮助分析品牌之间的竞争关系。本节将介绍 BJ-LDA 模型的主要功能及基本概念，第 2 节详细介绍 BJ-LDA 的模型结构，第 3 节展示模型参数的推断方法，第 4 节是该模型在两个实际数据集上的分析案例，最后的第 5 节对 BJ-LDA 模型做总结及展望。

BJ-LDA 模型有两个最主要的特点。首先，BJ-LDA 模型可以同时对多个品牌语料库进行建模，提取出背景信息（Background Information）、所有品牌的共有主题（General Topic）以及每个品牌的特定主题（Specific Topic）。背景信息由一些没有意义的背景词组成。共有主题提取消费者对所有品牌的共同关注点。特定主题提取顾客对每个特定品牌的不同观点。例如，在洗面奶产品领域，顾客关心的是清洁性、光滑程度和味道，这些都是共有主题的内容。而对于价格较高的产品，顾客更关心的是质量的保证，而不是价格较低产品的促销活动，这些差异形成了特定主题。挖掘共有主题可以帮助管理者更好地了解他们的产品类别，而挖掘品牌特定主题则可以让管理者发现他们的特色特长、优势和劣势。

其次，通过应用最大熵模型（MaxEnt），BJ-LDA 可以将每个主题中的特征词及其对应的观点词分离出来，以更详细的视角描述每个品牌。经典主题模型生成的语义相关词簇很有价值，因为它们集中反映了一个主题的信息，但是对于传统主题模型来说，一个主题的特征和观点是混杂的，不便分析。提取评论特征和相应意见的任务属于特征级情感分析（Aspect Level Sentiment Analysis）的研究领域。特征和观点之间总是有很强的联系，如使用观点词美味形容特征词食物，使用便宜形容价格。美味和便宜都是餐厅领域的观点词，但它们都与特定的特征词相关联，分别对应食物和价格。这种细粒度的观点分析能够更加深入地挖掘评论，获得更有用的见解。

BJ-LDA 模型中所用到的所有符号及其含义见表 2.1。

表 2.1   模型中所用到的符号及其含义

符号	含义	符号	含义
B	品牌数	K_0	共有主题数
K_b	品牌 b 特有主题数	β	狄利克雷先验
p	伯努利分布参数	γ	贝塔分布参数
D	文档数	S	文档中的句子
$N_{d,s}$	句子中的词语	α	狄利克雷先验
λ	最大熵模型权重	β_b	狄利克雷先验
Φ^B	背景词分布	$\Phi^{A,s}_{t_b}$	特有特征词分布
$\Phi^{O,g}_{t_b}$	共有情感词分布	$\Phi^{O,s}_{t_b}$	特有情感词分布
$\Phi^{A,g}_t$	共有特征词分布	$x_{d_b,s,n}$	最大熵模型特征
$\theta^g_{d_b}$	共有主题分布	$\theta^s_{d_b}$	特有主题分布
$Z^g_{d_b,s}$	句子的共有主题	$Z^s_{d_b,s}$	句子的特有主题
$w_{d_b,s,n}$	观测到的词语	$u_{d_b,s,n}$	共有/特有示性函数
$y_{d_b,s,n}$	背景/特征/情感示性函数	$\Pi_{d_b,s,n}$	多项分布参数

2.2   多语料联合主题模型

2.2.1   模型生成过程

BJ-LDA 的目标是从多个语料库中提取多个品牌语料的共有主题及特有主题，包括每个主题的特征及其对应的情感观点。在主题方面，我们假设有一个背景主题、若干共有主题和品牌特定主题。共有主题和品牌特定主题分为特征和观点。为了更好地从数学层面定义模型，我们假设研究的产品类别中有 B 个品牌。品牌 $b,b \in \{1,\cdots,B\}$ 中的文档数记为 D_b，V_b 表示品牌 B 中的词语数。包含所有品牌的整个语料库的词语数为 V，文档数为 D。所有品牌的 D_b 的加和为 D，即 $\sum_{b=1}^{b} D_b = D$，因为各个品牌中的评论文档是不重叠的。而 V_b 的总和大于 V，因为品牌中的词汇表是重叠的。

对于包括所有品牌在内的整个语料库，我们假设在所有 D 评论文档下有一个背景主题和 K_0 个共有主题。其中，只有共有主题被进一步划分为特征词簇和观点词簇。共有特征词簇为所有品牌共享，而相应的观点词簇归属于每个品牌。这个结构有助于更好地理解品牌竞争关系。对于每个品牌 $b, b \in \{1, 2, \cdots, B\}$，我们假设有 $K_b, b \in \{1, 2, \cdots, B\}$ 个特有主题，不同品牌的品牌特有主题数量不同。这些 K_b 品牌特有主题由 K_b 个品牌特有特征词簇和 K_b 个品牌特有观点词簇组成。根据 $\sum_{b=1}^{b} V_b > V$ 的关系，可以看出不同品牌重叠的词语更可能是背景主题或共有主题的高频词，而每个品牌中特有的词语更可能是品牌特有主题的高频词。

对于品牌 $b, b \in \{1, 2, \cdots, B\}$，首先，我们从参数是 β 和 β_b 的 Dirichlet 先验中抽出若干多项词分布。维数 V 的 β 用于 1 个背景多项词分布 Φ^B 及 K_0 个共有特征多项词分布 $\Phi_t^{A,g}, t = 1, \cdots, K_0$。这些 $K_0 + 1$ 个多项分布覆盖了所有 V 词汇表。维数 V_b 的 β_b 用于 K_0 个共有观点多项词分布 $\Phi_{t_b}^{O,g}, t_b = 1, \cdots, K_0$，$K_b$ 个品牌特有特征多项词分布 $\{\Phi_{k_b}^{A,s}\}_{k_b=1}^{K_b}$ 和品牌特有观点多项词分布 $\{\Phi_{k_b}^{O,s}\}_{k_b=1}^{K_b}$。这些 $K_0 + 2K_b$ 个多项分布是覆盖品牌特有 V_b 词汇表的。综上，一共有 $\left(1 + K_0 + \sum_{b=1}^{B} K_b\right)$ 个主题和 $\left(1 + K_0(1 + 2) + 2\sum_{b=1}^{B} K_b\right)$ 个词簇。然后，类似于标准的 LDA，对于 b 品牌中的每个评论文档 d，我们抽出两个文档-主题分布，一个共有的文档-主题分布 $\theta_{d_b}^g \sim \text{Dir}(\alpha_g)$ 和一个特有的文档-主题分布 $\theta_{d_b}^s \sim \text{Dir}(\alpha_s)$。由于评论文档相较于一般文档来说更短，主题更为集中，在此模型中，与传统 LDA 中为每个单词抽取主题不同，我们为文档 d 中的每个句子 s 抽取主题 $z_{d_b,s}^g \sim \text{Mult}(\theta_{d_b}^g)$ 和 $z_{d_b}^s \sim \text{Mult}(\theta_{d_b}^s)$。这个概念已经在文献 [9] 被证明是有效的，所以在我们的模型中也做了同样的生成假设。这对我们的模型是合适的，因为每句话都是围绕一个品牌特有主题和一个共有主题展开的。

对于文档 d 中 s 句子里的每个单词，我们有 5 个选择。文档 d 中的句子 s 中的第 n 个单词 $w_{d_b,s,n}$ 可以描述一个背景词，一个共有特征词（例如泡沫），一个共有观点词（例如光滑），一个品牌特有特征词（例如对于昂贵的品牌，顾客关注的是价格），或品牌特有观点词（例如昂贵）。引入两个示性变量 $y_{d_b,s,n}$ 和 $u_{d_b,s,n}$ 来区分单词 $w_{d_b,s,n}$ 的类型。$y_{d_b,s,n}$ 决定 $w_{d_b,s,n}$ 是背景词、特征词或观点词，$u_{d_b,s,n}$ 则决定 $w_{d_b,s,n}$ 是共有词还是品牌特有词。指示变量 $y_{d_b,s,n}$ 服从 $\{0, 1, 2\}$ 上的多项分布，其参数为 $\pi_{d_b,s,n}$。$\pi_{d_b,s,n}$ 由 $x_{d_b,s,n}$ 和 $\lambda_{d_b,s,n}$ 决定，我们将在 2.2.2 节最大熵模型中详细讨论。$u_{d_b,s,n}$ 来源于参数为 p 的 $\{0, 1\}$ 伯努利分布。p 从 $\text{Beta}(\gamma)$ 中抽取，然后我们通过如下方式抽取 $w_{d_b,s,n}$：

$$w_{d_b,s,n} \sim \begin{cases} \text{Mult}(\Phi^B), & \text{当 } y_{d_b,s,n}=0\text{时,} \\ \text{Mult}(\Phi^{A,s}_{z^s_{d_b,s}}), & \text{当 } y_{d_b,s,n}=1, u_{d_b,s,n}=0\text{时,} \\ \text{Mult}(\Phi^{A,g}_{z^g_{d_b,s}}), & \text{当 } y_{d_b,s,n}=1, u_{d_b,s,n}=1\text{时,} \\ \text{Mult}(\Phi^{O,s}_{z^s_{d_b,s}}), & \text{当 } y_{d_b,s,n}=2, u_{d_b,s,n}=0\text{时,} \\ \text{Mult}(\Phi^{O,g}_{z^g_{d_b,s}}), & \text{当 } y_{d_b,s,n}=2, u_{d_b,s,n}=1\text{时.} \end{cases}$$

综上, BJ-LDA 模型的生成过程见图 2.1。

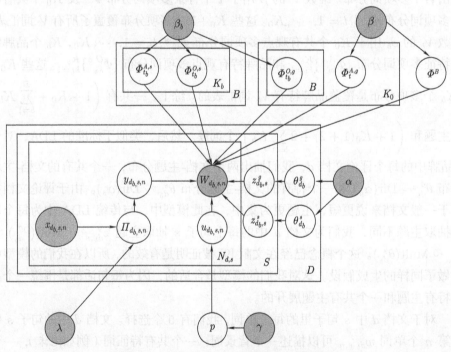

图 2.1　BJ-LDA 模型生成过程示意图

2.2.2　最大熵模型

最大熵（MaxEnt）模型的目标是在一定约束下，使得一个分布的熵最大化。我们使用 MaxEnt 模型作为分类器来区分单词 $w_{d_b,s,n}$ 属于背景词、特征词还是观点词。使用 MaxEnt 作为文本数据分类器的有效性在文献 [9] 和文献 [6] 中得到验证。在 MaxEnt 模型中，输入特征 $x_{d_b,s,n}$ 可以包含与 $w_{d_b,s,n}$ 相关的任何信息。在我们的模型中,它包含两种类型信息。第 1 类是 POS(词性)标记,包括该词语及其前一个和后一个单词的 POS 标记,表示为 $\{\text{POS}_{d_b,s,n-1}\ \text{POS}_{d_b,s,n}\ \text{POS}_{d_b,s,n}$ $\text{POS}_{d_b,s,n+1}\}$。根据现有数据观察,单词的 POS 标记和其所属类别有紧密的联系,观点词往往是形容词,而特征词往往是名词。它们在句子中发挥不同的语境作用。考虑到当前单词与前后单词之间的联系,第 2 类特征是词汇特征,包括前一个、当前和下一个单词本身 $\{w_{d_b,s,n-1}\ w_{d_b,s,n}\ w_{d_b,s,n}\ w_{d_b,s,n+1}\}$。MaxEnt 模型如下:

$$p(y_{d_b,s,n} = l | x_{d_b,s,n}) = \pi_{d_b,s,n}^l = \frac{\exp(\lambda_l x_{d_b,s,n})}{\sum\limits_{l'=0}^{2} \exp(\lambda_{l'} x_{d_b,s,n})} \tag{2.1}$$

其中 $l \in \{0,1,2\}$,$\{\lambda_l\}_{l=0}^2$ 表示 MaxEnt 可以从一组标记的训练样本中学习到模型分类权重。训练样本中的特征词是手工标记的。对于英文语料库,观点词可以基于 MPQA 词汇库(见文献 [8])进行标注;对于中文语料库,观点词可根据知网情感词词典(见文献 [2])进行标注。除特征词和观点词以外,其余的词被标记为背景词。

2.3　参数推断方法

2.3.1　模型推断

首先使用 MaxEnt 算法,从而获取 $\pi_{d,s,n}$ 的参数 λ。然后,我们使用 Gibbs 抽样(见文献 [3])对 BJ-LDA 进行推断。Gibbs 抽样是一种对条件分布进行抽样从而推断状态分布收敛于真分布的算法。我们模型的估计目标是获得 Θ^g,Θ^s,Φ^B,$\Phi^{O,g}$,$\Phi^{A,g}$,$\Phi^{A,s}$ 和 $\Phi^{O,s}$ 的真值。w 表示我们在集合中观察到的所有单词,x 表示这些单词的所有特征向量,y, u, z 是隐变量。给定 w 和所有超参数,我们首先根据生成过程推导出完整的后验分布。根据后验分布,我们可以得到以下四个条件分布。从这四个条件分布中迭代抽样以使得最终收敛,就可以得到最终估计。四个条件分布分别如下。

第一,对于品牌 b 文档 d 中的句子 s,给定所有其他隐变量的值,共有主题 $z_{d_b,s}^g$ 的条件分布为:

$$P\left(z_{d_b,s}^g = t' | \boldsymbol{z}_{\neg(d_b,s)}^g, \boldsymbol{y}, \boldsymbol{u}, \boldsymbol{w}, \boldsymbol{x}\right) \propto \frac{c_{(t')}^{d_b,g} + \alpha}{c_{(.)}^{d_b,g} + T\alpha} \times$$

$$\left(\frac{\Gamma(c_{(.)}^{A,g,t'} + V\beta)}{\Gamma(c_{(.)}^{A,g,t'} + n_{(.)}^{A,g,t'} + V\beta)} \prod_{v=1}^{V} \frac{\Gamma(c_{(v)}^{A,g,t'} + n_{(v)}^{A,g,t'} + \beta)}{\Gamma(c_{(v)}^{A,g,t'} + \beta)} \right) \times \tag{2.2}$$

$$\left(\frac{\Gamma(c_{(.)}^{O,g,t',b} + V_b\beta_b)}{\Gamma(c_{(.)}^{O,g,t',b} + n_{(.)}^{O,g,t',b} + V_b\beta_b)} \prod_{v=1}^{V_b} \frac{\Gamma(c_{(v)}^{O,g,t',b} + n_{(v)}^{O,g,t',b} + \beta_b)}{\Gamma(c_{(v)}^{O,g,t',b} + \beta_b)} \right).$$

在上式中，$c_{(t')}^{d_b,g}$ 是文档 d_b 中分配给主题 t' 的句子数，$c_{(.)}^{d_b,g}$ 是文档 d_b 中的句子数。$c_{(v)}^{A,g,t'}$ 是单词 v 作为共有特征词被分配给主题 t' 的次数，$c_{(.)}^{A,g,t'}$ 是任何单词被作为特征词分配给主题 t' 的总次数。所有以 c 表示的计数范围不包括 d 文档的 s 句。$n_{(v)}^{A,g,t'}$ 是将单词 v 赋给文档 d 中句子 s 的主题 t' 的特征词次数，而 $n_{(.)}^{A,g,t'}$ 是将任何单词赋给文档 d 中句子 s 的主题 t' 的特征词次数。对于观点词来说，$c_{(v)}^{O,g,t',b}$ 的含义类似于 $c_{(v)}^{A,g,t'}$，$c_{(.)}^{O,g,t',b}$ 的含义也和 $c_{(.)}^{A,g,t'}$ 类似，唯一的区别是它们只在品牌 b 的语料范围内计数。

第二，特定主题 $z_{d_b,s}^s$ 的条件分布如下式，这里符号的含义也与上面解释的类似，唯一的区别是上标中的 s 表示特定的单词：

$$P(z_{d_b,s}^s = t | z_{\neg(d_b,s)}^s, \boldsymbol{y}, \boldsymbol{u}, \boldsymbol{w}, \boldsymbol{x}) \propto \frac{c_{(t)}^{d_b,s} + \alpha}{c_{(.)}^{d_b,s} + T_b\alpha} \times$$

$$\left(\frac{\Gamma(c_{(.)}^{A,s,t,b} + V_b\beta_b)}{\Gamma(c_{(.)}^{A,s,t,b} + n_{(.)}^{A,s,t,b} + V\beta)} \prod_{v=1}^{V_b} \frac{\Gamma(c_{(v)}^{A,s,t,b} + n_{(v)}^{A,s,t,b} + \beta_b)}{\Gamma(c_{(v)}^{A,s,t,b} + \beta_b)} \right) \times \tag{2.3}$$

$$\left(\frac{\Gamma(c_{(.)}^{O,s,t,b} + V_b\beta_b)}{\Gamma(c_{(.)}^{O,s,t,b} + n_{(.)}^{O,s,t,b} + V_b\beta_b)} \prod_{v=1}^{V_b} \frac{\Gamma(c_{(v)}^{O,s,t,b} + n_{(v)}^{O,s,t,b} + \beta_b)}{\Gamma(c_{(v)}^{O,s,t,b} + \beta_b)} \right).$$

第三，$y_{d_b,s,n}$ 的条件概率为：

$$P(y_{d_b,s,n} = 0 | \boldsymbol{z}, \boldsymbol{y}_{\neg(d_b,s,n)}, \boldsymbol{u}_{\neg(d_b,s,n)}, \boldsymbol{w}, \boldsymbol{x})$$

$$\propto \frac{\exp(\lambda_0 \boldsymbol{x}_{d_b,s,n})}{\sum_{l'} \exp(\lambda_{l'} \boldsymbol{x}_{d_b,s,n})} \frac{c_{(d_b,s,n)}^B + \beta}{c_{(.)}^B + V\beta}. \tag{2.4}$$

第四，$y_{d_b,s,n}$ 和 $u_{d_b,s,n}$ 的条件概率为：

$$P(y_{d_b,s,n} = l, u_{d_b,s,n} = b | \boldsymbol{z}, \boldsymbol{y}_{\neg(d_b,s,n)}, \boldsymbol{u}_{\neg(d_b,s,n)}, \boldsymbol{w}, \boldsymbol{x})$$

$$\propto \frac{\exp(\lambda_l \boldsymbol{x}_{d_b,s,n})}{\sum\limits_{l'} \exp(\lambda_{l'} \boldsymbol{x}_{d_b,s,n})} g(w_{d_b,s,n}, z^s_{d_b,s}, z^g_{d_b,s}, l, b). \tag{2.5}$$

函数 $g(v, t, t', l, b)$ 定义如下。其中 $c_{(0)}$ 是属于品牌特有主题的单词数，$c_{(1)}$ 是属于共有主题的单词数，$c_{(.)}$ 是单词总数。变量 c 表示文档 d 句子 s 中不包含第 n 个单词的各种计数。

$$g(v, t, t', l, b) = \begin{cases} \dfrac{c^{A,s,t,b}_{(v)} + \beta_b}{c^{A,s,t,b}_{(.)} + V_b \beta_b} \dfrac{c_{(0)} + \gamma}{c_{(.)} + 2\gamma}, & \text{当} l = 1, b = 0 \text{时}, \\[3mm] \dfrac{c^{O,s,t,b}_{(v)} + \beta_b}{c^{O,s,t,b}_{(.)} + V_b \beta_b} \dfrac{c_{(0)} + \gamma}{c_{(.)} + 2\gamma}, & \text{当} l = 2, b = 0 \text{时}, \\[3mm] \dfrac{c^{A,g,t'}_{(v)} + \beta}{c^{A,g,t'}_{(.)} + V \beta} \dfrac{c_{(1)} + \gamma}{c_{(.)} + 2\gamma}, & \text{当} l = 1, b = 1 \text{时}, \\[3mm] \dfrac{c^{O,g,t',b}_{(v)} + \beta_b}{c^{O,g,t',b}_{(.)} + V_b \beta_b} \dfrac{c_{(1)} + \gamma}{c_{(.)} + 2\gamma}, & \text{当} l = 2, b = 1 \text{时}. \end{cases} \tag{2.6}$$

2.3.2　超参确定

在 BJ-LDA 模型中，我们需要选择最合适的超参 K_0 和 $K_b, b = 1, \cdots, B$ 以获得最佳性能。这里我们提出了一种前向选择算法，该算法的思想广泛应用于多变量分析的特征选择问题中。使用的两个评价指标是模型困惑度（Model Perplexity）和主题一致性（Topic Coherence）。

模型困惑度最先由文献 [1] 提出，在主题模型中它是一种常用的预测可能性的度量，可以用来衡量模型预测能力。困惑度越低，模型越好。BJ-LDA 模型的模型困惑度定义如下，其中 $p^b_w, p^{A,g}_w, p^{O,g}_w, p^{A,s}_w, p^{O,s}_w$ 分别表示 w 属于背景词、共有特征、共有情感、特有特征和特有情感的概率。

$$p(w) = p^b_w \phi^b_w + \sum_{k=1}^{K} \theta^g_{dk}(p^{A,g}_w + p^{O,g}_w \phi^{O,g}_{wb}) + \sum_{k=1}^{K_b} \theta^s_{dk}(p^{A,s}_w \phi^{A,s}_{wb} + p^{O,s}_w \phi^{O,s}_{wb})$$

$$\text{perplexity} = \exp\left(-\frac{\sum\limits_{b=1}^{B} \sum\limits_{d=1}^{D_b} \sum\limits_{w=1}^{W_d} \log(p(w))}{\sum\limits_{b=1}^{B} \sum\limits_{d=1}^{D_b} N_d}\right)$$

主题一致性是基于 LDA 模型（见文献 [5]）的一种常用的衡量主题质量的指标。如果主题的高频词在文档中频繁出现，则认为主题质量高，即连贯程度高。对于主题 t，主题连贯性定义如下式。其中 M 是我们重点关注的高频词数量，$D(v_m^{(t)}, v_l^{(t)}) + 1$ 是单词 $v_m^{(t)}$ 和 $v_l^{(t)}$ 同时出现的文档数量。

$$\text{coherence}(t) = \sum_{m=1}^{M} \sum_{l=1}^{m-1} \log \frac{D(v_m^{(t)}, v_l^{(t)}) + 1}{D(v_m^{(t)})}$$

前向选择算法有 3 个步骤。首先，我们从最简单的 $K_0 = 1$ 和 $K_b = 1, b = 1, \cdots, B$ 开始，记录其模型困惑度。其次，分别给 K_0 和 $K_b, b = 1, \cdots, B$ 增加 1，记录 $B + 1$ 个模型困惑度。最后，选择困惑度降低最大的模型作为当前最优模型。重复这 3 个步骤，直到模型的困惑度没有降低，最终得到最优的 K_0 和 $K_b, b = 1, \cdots, b$。在这个过程中，以主题一致性作为辅助指标。

2.4 实例应用

我们使用了两个不同领域的数据以验证模型的有效性。一个是护肤品数据，侧重的是产品分析。另一个是连锁日本餐厅数据，侧重的是服务分析，每个店铺都可以被视为服务领域中的一个品牌。在本小节中，我们将详细阐述这两个实际数据集的分析过程。

2.4.1 护肤品数据集

京东商城是中国最大的电子商务平台之一，我们编写了网络爬虫代码从京东商城（http://www.jd.com）平台抓取评论数据。随着大众生活水平的提高，护肤越来越被重视，人们愿意花大量时间在网上购买、评论护肤产品。因此，网购平台的护肤品评论表达的意见也是非常丰富的。我们根据价位选择了 6 个知名品牌进行分析。它们分别是旁氏（Ponds），多芬（Dove），珂润（Curel），丝塔芙（Cetaphil），娇韵诗（Clarins）和雪花秀（Sulwasoo）。根据其官方网站上的信息，这 6 个品牌分别代表了两个平价品牌、两个中等价位品牌和两个贵价品牌。每个品牌的产品都有独特的定位和特点，例如，Curel 是为敏感肌肤设计的，Sulwasoo 专注于草本精粹提取。如下表 2.2 总结了不同产品的基本信息。产品的竞争关系存在于同一价位水平，因为它们具有相似的产品特点，目标客户也相似。产品的竞争关系也存在于不同价位水平，因为护肤品是日常消耗品，顾客通过自身体验、借鉴他人经验也会更换品牌。

表 2.2　不同护肤品品牌的基本信息

Brand	Price	Origin place	Orientation	Reviews number	Average length
Ponds	30	China	Mild, Skin whitening	499	37.83
Dove	45	Japan	Amino acid cleansing	643	31.28
Curel	108	Japan	Sensitive skin	520	25.78
Cetaphil	109	Canada	Sensitive skin	1170	44.60
Clarins	250	France	Soften skin, High-end	545	30.07
Sulwasoo	320	Korea	Herbal, High-end	561	27.44

研究数据的时间范围为 2018 年 12 月至 2019 年 2 月，原始评论数为 3992 条。在建模之前我们先对数据进行预处理。第 1 步是过滤，过滤相同买家 ID 或相同内容的重复评论。此外，我们删除了一些纯数字或标点符号的评论，这些评论没有实际意义。第 2 步是使用 Python 中的 jieba 库来分词。此外，我们还添加了一个人工总结的领域词典，以确分词的合理性。例如，以确保敏感皮肤不会被切成敏感和皮肤。第 3 步是停用词去除，我们使用了一个增强版的停用词列表，包括常见的停用词，如的，啊和哈，以及一些不相关的缩写。

首先，我们随机选择 10% 的评论样本训练 MaxEnt 模型，细节如上一小节所述，以获得 $\pi_{d_b,s,n}$。其次，使用向前选择模型，选择合适的 K_0 和 $K_b, b = 1, \cdots, 6$。对于护肤品数据集，从 $K_0 = 1$ 和 $K_b = 1, b = 1, \cdots, 6$ 开始，经过 13 步后，模型困惑度下降到一个稳定的水平，主题一致性达到一个相对较高的水平。然后确定护肤品数据集最合适的主题数为 $K_0 = 2$，6 个品牌 Ponds、Dove、Curel、Cetaphil、Clarins、Sulwasoo 对应的具体主题数为 3,2,3,4,3,3。

共有主题有两个。第 1 个主题关于店铺信息，包括特征词优惠券、评论和质量。第 2 个主题关于产品的使用，包括特征词价格、用途和原料。这些特征词是所有品牌都需要关注的，因为它们是该领域的核心竞争元素。共有主题的部分观点词簇总结在表 2.3 中。可以看出，对于不同品牌，顾客对共有特征的看法是不一样的。例如，顾客对 Dove 的快递服务非常满意，对 Cetaphil 的赠品感到非常惊喜，Dove 因其控油功能而受消费者欢迎，Sulwasoo 的草本味道闻起来很香。

通过共有主题和特有主题，BJ-LDA 揭示了品牌的特点及其优缺点。我们将模型得到的 6 个品牌信息都总结如下。

表 2.3　护肤品共有主题观点词簇

	共有主题 1: 店铺信息	共有主题 2: 产品使用
Ponds	便宜, 不错	便宜, 好闻
Dove	反馈, 快递	保湿, 控油
Curel	适合, 性价比	描述, 很好
Cetaphil	赠品, 惊喜	忠实, 质量
Clarins	贵, 不错	健康, 尝试
Sulwasoo	舒服, 礼盒	舒适, 好闻

1. Ponds

- **优点：高性价比，氨基酸配方**

  Ponds 的两大优势是性价比和温和配方。在价格方面，客户对 Ponds 很满意。在特有的主题中也提到了氨基酸。

- **缺点：不明显**

2. Dove

- **优点：物流快速，控油能力强**

  Dove 的优点是物流和控油。相对应的观点词有速度、快、便宜，表达了顾客的喜好。

- **缺点：包装有污损**

  Dove 的弱点是包装。漏液一词意味着顾客收到包裹时瓶子可能会有破损。

3. Curel

- **优点：折扣不错，有赠品**

  中国电商购物狂欢节双 11 在特征中出现，优惠价格表达了顾客对折扣的满意。Curel 是中价位品牌中唯一提到赠品的品牌。

- **缺点：不明显**

4. Cetaphil

- **优点：敏感肌友好，物流很快**

  Cetaphil 是为敏感皮肤设计的。温和和干净的评价说明这款产品适合敏感皮肤。Cetaphil 的主要优点是因为顾客评价快递很快。

- **缺点：质地稀薄**

  Cetaphil 的缺点是质地。许多顾客抱怨这个产品是稀薄的，这引起了一些顾客的不满。

5. Clarins

- **优点：更适合孕妇**

怀孕一词表明孕妇更喜欢 Clarins。新鲜和健康两个词表明 Clarins 更
适合准妈妈。

- **缺点：价格贵**

  Clarins 的缺点是一些顾客认为这个品牌太贵了。

6. Sulwasoo

- **优点：草本原料，味道好闻**

  草本成分是 Sulwasoo 的竞争优势之一，草本味道很受欢迎，很多顾客
  都表示非常喜欢。

- **缺点：包装有污损**

  Sulwasoo 是 6 个品牌中最贵的，客户有很高的期望。包装上的灰尘会
  给顾客留下不好的印象。

除了确定品牌的优势和劣势，我们的模型还能够挖掘辅助品牌发展的额外信
息。首先，从顾客的角度挖掘每个特定品牌的卖点。Cetaphil 是为敏感皮肤设计
的。这个品牌的高频词含有敏感皮肤，观点词中含有温和，反映出该产品适合敏
感皮肤使用。Ponds 品牌的评论语料中挖掘出米粹，该产品确实含有大米精粹物，
我们的模型反映了 Ponds 的这一独特卖点。

其次，我们的模型挖掘了一些客户对品牌的特别关注点。Sulwasoo 和 Clarins
是两个高端的护肤品牌，它们的产品比较贵。在网上购买这些昂贵产品的顾客担
心他们收到的产品可能不是正品，所以消费者经常将网上购买的产品与从实体店
购买的产品进行比较。这些品牌的管理者应该更加关注他们品牌的声誉。

最后，模型的结果还可以识别潜在忠诚客户。对于 Clarins 品牌来说，怀孕
一词是热门话题，这意味着孕妇更喜欢这个品牌的产品。虽然这款面部清洁产品
不是为孕妇设计的，但这个品牌确实为孕妇提供了其他产品。该品牌的管理者可
以推出更多与怀孕相关的产品，比如专为准妈妈设计的洁面产品。

为了进一步研究 6 个品牌之间的竞争格局，为品牌制定竞争战略提供有用的
建议，我们使用 BJ-LDA 提取的特征，计算了每个特征在 6 个品牌上的重要性，
再应用主成分分析，将 6 个品牌的竞争格局以雷达图的形式可视化。

我们使用 Jaccard 系数来检测每个品牌各个特征的重要性，为衡量品牌之间
的特征相似度奠定基础（见文献 [4] 和 [7]）。频率角度的 Jaccard 系数定义为
$\text{Jaccard} = \dfrac{a}{F_1 + F_2 - a}$，其中 a 是包含特定品牌中包含特定单词的文档数目，F_1
为该品牌总文档数目，F_2 为整个数据中包含指定特征的文档数目。根据文献 [4]，

使用 Jaccard 排名代替 Jaccard 系数以提高模型性能。我们选取了 13 个经常出现的特征（表 2.4 第二列）。在得到 6 个品牌的 13 个特征重要性系数之后，我们构建主成分分析（PCA）模型，以更加深入地探究品牌之间的联系，保留 3 个主成分的 PCA 累积方差为 84.55%。

表 2.4 总结了所选 13 个特征的因子加载情况。第一主成分 PC1 代表使用（如泡沫和氨基酸）和气味，第二主成分 PC2 代表感觉（如敏感皮肤和感觉）和促销（如双 11、赠品、正品），第三主成分 PC3 代表物流（如包装、快递）和价格（价格和性价比）。我们进一步在二维图中显示 PC1 和 PC2，以获得更直观的理解，如图 2.2 所示。

表 2.4　3 个主成分的 PCA 结构系数

序号	特征	PC1	PC2	PC3
1	foam	0.3652	0.2336	−0.1921
2	packaging	−0.0124	0.0884	−0.4720
3	logistics	0.0394	0.0923	−0.2636
4	feel	0.0915	0.2378	0.2024
5	effect	−0.3104	0.1982	0.2988
6	price	0.1294	−0.1212	0.0329
7	smell	−0.2973	−0.3290	−0.5080
8	cost performance	0.2612	−0.1658	0.2790
9	sensitive skin	0.0198	0.6447	0.0759
10	genuine guarantee	−0.5073	−0.1874	0.3158
11	free gift	−0.1556	−0.1824	0.2153
12	amino acied	0.5303	−0.4406	0.1686
13	double 11	−0.1538	−0.0686	−0.1531

由图 2.2 可以看出，Clarins 和 Sulwasoo 这两个高端产品之间存在着竞争，因为它们之间的距离比较近。这两个品牌的竞争主要在于使用感受和泡沫。Dove 和 Ponds 的竞争也很明显，在图上最接近 Ponds 的品牌是 Dove，这是因为这两个品牌都相对平价，效果和包装是它们的主要竞争点。Curel 和 Cetaphil 这两个品牌在赠品和性价比上也存在竞争关系。

2.4.2　连锁日本餐厅数据集

日本餐厅的数据来自大众点评网（https://www.dianping.com/），该平台是国内餐饮服务行业领先的电子商务平台之一，也是全球第一家独立的第三方消费者点评网站。大众点评网拥有许多餐厅的信息，包括大量的评论数据。近年来，日

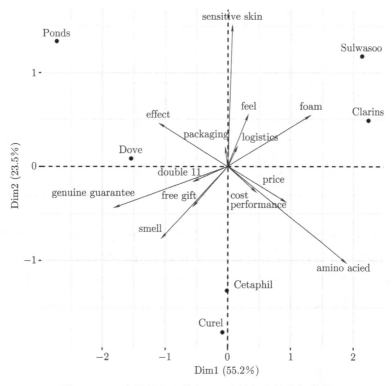

图 2.2　6 个护肤品品牌在 13 个特征上的竞争格局

本餐饮在中国越来越受欢迎，也涌现出大量日本餐馆，且许多日本餐馆都是连锁的经营模式。为了探索品牌内部的店铺竞争关系，我们选择了一家连锁餐厅将太无二（Shota Muni Sushi and Grill），并使用 BJ-LDA 模型分析来自不同分店的评论。选定的店铺是朝阳大悦城分店（CJCB）、万达广场分店（WZB）、恒泰广场分店（HPB）、欧美汇购物中心分店（ECB）、瑞士公寓餐厅分店（SARB）和西单汉光分店（XHB）。数据的采集和预处理步骤和护肤品数据相似。数据描述性统计信息详见表 2.5。数据的时间范围为 2006 年 4 月至 2020 年 6 月，每家餐厅的评论数量从 1413 到 11280 不等。我们看到每个店铺的人均消费和顾客评分是相似的。

　　在这个数据集中，我们为每个评论收集客户评分。评价体系对总体、味道、环境、服务等 4 个方面采用 1 至 5 分的评分制，最低 1 分，最高 5 分。为了从不同的客户角度发现店铺优缺点，我们将评价分为两个方向，即正面评价和负面评价。负面评价包括 1 分到 3 分的低分评价，这反映了顾客的不满。正面评论的评分为 4 分及以上，这代表了较为满意的顾客的想法。

表 2.5   6 家连锁餐厅的描述性统计量

	人均消费	总评分	口味评分	环境评分	服务评分	评论数量
CJCB	155	4.65	4.57	4.56	4.39	11280
WZB	147	4.70	4.71	4.78	4.71	1413
HPB	138	4.69	4.75	4.77	4.69	1741
ECB	144	4.78	4.76	4.77	4.67	14992
SARB	126	4.67	4.48	4.05	4.05	9860
XHB	145	4.66	4.71	4.64	4.59	3389

正面评论和负面评论的数量显示在图 2.3 中。在这 6 家店铺中，负面评论的数量都明显少于正面评论。好评最多的店铺是 ECB，有 12837 条好评，好评数量与差评数量之间的比值约为 6。差评数量最多的品牌是 SARB，有 3283 条差评，好评数量与差评数量之比仅为 2。

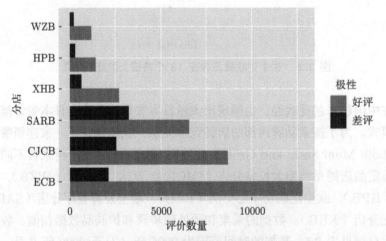

图 2.3   6 个连锁店铺的好评数量及差评数量

在日本餐厅数据集中，适当的 K_0 和 $K_b, b = 1, \cdots, 12$（因为区分了好评和差评，所以每个店铺有两个语料库）也是通过前向选择算法选出的。模型困惑度和主题一致性的变化趋势与护肤品数据集相似。最终选择的模型编号为 12，每个品牌对应的主题数量如图 2.4 所示。

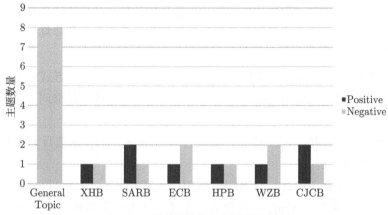

图 2.4　日本餐馆数据最佳主题数量

　　8 个共有主题涉及拉面、分店、火锅、氛围、小吃、促销、菜肴和海鲜。表 2.6 总结了顾客对 6 个分店的意见。

表 2.6　6 个分店共有主题的情感观点

		拉面	分店	火锅	氛围
CJCB	正向	不推荐	贵	牛肉	优雅
	负向	糟糕	著名	温暖	拥挤
WZB	正向	便宜	失望	辣的	舒服
	负向	不好吃	下降	奇怪	拥挤
HPB	正向	辣的	降低	一点	私密
	负向	记住	优雅	不好吃	吵闹
ECB	正向	拉面	加拿大	牛肉	舒服
	负向	全熟	失望	辜负	吵闹
SARB	正向	口味	提高	不好	拥挤
	负向	好闻	创造	温暖	拥挤
XHB	负向	不错	昂贵	全熟	吵闹
	负向	便宜	著名	遗憾	不舒服
		小吃	促销	菜肴	海鲜
CJCB	正向	甜的	适合	惊喜	新鲜
	负向	不错	不好	满意	鱼腥
WZB	正向	全熟	删除	明亮	烹饪
	负面	多余	无语	不错	值得
HPB	正向	松脆的	便利的	甜的	新鲜
	负向	多余	免费	鼓励	厚的
ECB	负向	鸡蛋	享受	超级好	新鲜
	负向	油腻	自动	惊喜	很好
SARB	正向	新鲜	提升	困难	新鲜
	负向	享受	常规	不错	肥美
XHB	正向	创造	降低	趋势	柔软
	负向	不好	不错	新鲜	最好

我们有一个有趣的发现，在正面（负面）评论中，对特征的观点可能是相反的。这是因为顾客对整体用餐体验满意（不满意），但他们在某些具体特征表现出抱怨（赞扬）。

以氛围和拉面这两个主题为例，其他主题也可以用类似的方式解释。氛围是对餐厅环境的评价，特征词包括环境、装饰、位置、风格等关键词。从模型结果中可以提炼出以下信息：

1. 无论好评还是差评，顾客普遍认为 SARB 和 XHB 的餐厅环境较差、狭窄、拥挤和嘈杂。

2. 对于 CJCB、WZB、HPB 和 ECB，顾客意见不一。大部分顾客（好评）认为餐厅明亮、典雅、舒适；一些顾客（差评）认为这家其嘈杂、破旧、拥挤。

拉面的主题是关于顾客对拉面及菜肴的评价。特征词有拉面、面条和骨汤等，与拉面关系密切。从模型结果中可以提炼出以下信息：

1. CJCB 和 WZB 的顾客普遍认为这道菜不好吃，不推荐。

2. SARB 的顾客普遍认为这道菜很好吃，辣而香，很推荐。

3. HPB, ECB 和 XHB 的顾客对这道菜有不同的看法。部分顾客（好评）认为食物很好；一些顾客（差评）认为食物很辣，难以下咽。

与护肤品数据集相似，我们根据 Jaccard 评分和 PCA 得到 6 个分店在 11 个特征上的竞争格局，结果如图 2.5所示。HPB 和 WZB 在第一主成分 PC1 上有竞争力，这是因为它们有相似的环境和菜肴。例如，在气氛这个话题中，两个顾客都提到了优雅和私密。它们的主要竞争点是价格、性价比和火锅。

在日本餐馆数据集中，店铺评分可以作为一个外部变量来辅助分析。我们希望利用 BJ-LDA 的结果，特别是 8 个共有主题，来分析影响商店评级的因素。

文档-主题的分布 θ 反映了一条评论的表达重点。若一个主题上的 θ 分量值越高，这条评论对它就越关注。我们对正面评论和负面评论的 θ 进行了双尾 t 检验，结果如表 2.7 所示。$P（N）$ 意味着正面（负面）评论的 θ 值显著高于负面（正面）评论的值，而其余的则表示正负两组之间没有差异。

例如 WZB 店的正面评价在菜品主题的关注更高，说明好评的顾客更关注菜品。SARB 差评在分店主题有更高的主题关注度，说明差评的客户更多地谈论这个话题。每个店面经理都可以关注这些影响他们店面评分的因素，并做出相应的改进。

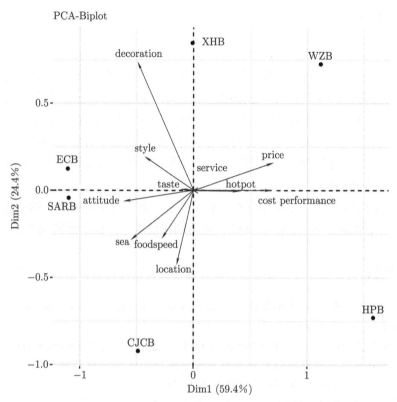

图 2.5　6 个分店在 11 个特征上的竞争格局

表 2.7　正面评论和负面评论 θ 的 t 检验结果

	CJCB	WZB	HPB	ECB	SARB	XHB
拉面	-	-	-	-	-	-
小吃	-	-	-	-	-	-
分店	-	-	-	-	N^{**}	N^{**}
火锅	-	-	P^*	P^*	-	-
海鲜	-	-	-	-	-	-
促销	-	-	N^{**}	N^*	-	-
菜肴	-	P^*	-	P^{**}	-	P^*
氛围	-	-	-	-	P^{**}	-

[1] P（N）代表 θ 的值显著高于积极（消极）评论

[2] *: 显著水平为 0.1

[3] **: 显著水平为 0.01

2.5 讨论

在这一章中，我们介绍了 BJ-LDA 方法，即利用在线产品评论分析多个竞争品牌的优势和劣势。利用该方法同时对所有品牌的语料库进行建模，简化了对大量品牌的分析。BJ-LDA 模型挖掘品牌之间的共享特征和观点，并发现品牌的特殊信息。BJ-LDA 生成的每个词簇都可以分为特征词和观点词，这有助于管理者了解消费者的关注点和意见。我们使用模型困惑度和主题一致性来选择话题数量。除了品牌以外，我们的模型在实践中可以应用在任何具有子组的语料库中，如不同地区或不同价格等。

在未来的研究中，可以考虑使用稀疏技术，来获得更多可解释的词簇。也可以尝试嵌入 Word2vec 技术的 LDA，使用词向量进一步探索品牌关系。

参考文献

[1] BLEI D M, NG A Y, JORDAN M I. Latent dirichlet allocation[J]. Journal of machine Learning research, 2003, 3(Jan): 993-1022.

[2] DONG Z, DONG Q. HowNet-a hybrid language and knowledge resource[C]// International conference on natural language processing and knowledge engineering, 2003. Proceedings. 2003. IEEE, 2003: 820-824.

[3] HASTINGS W K. Monte Carlo sampling methods using Markov chains and their applications[J]. 1970.

[4] HU F, TRIVEDI R H. Mapping hotel brand positioning and competitive landscapes by text-mining user-generated content[J]. International Journal of Hospitality Management, 2020, 84: 102317.

[5] MIMNO D, WALLACH H, TALLEY E, et al. Optimizing semantic coherence in topic models[C]//Proceedings of the 2011 conference on empirical methods in natural language processing. 2011, 262-272.

[6] RATNAPARKHI A. A maximum entropy model for part-of-speech tagging[C]// Conference on empirical methods in natural language processing. 1996.

[7] ROMESBURG C. Cluster analysis for researchers[M]. Lulu. com, 2004.

[8] WIEBE J, WILSON T, CARDIE C. Annotating expressions of opinions and emotions in language[J]. Language resources and evaluation, 2005, 39: 165-210.

[9] ZHAO X, JIANG J, YAN H, et al. Jointly modeling aspects and opinions with a MaxEnt-LDA hybrid[C]. ACL, 2010.

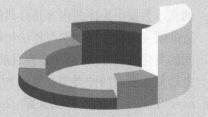

第 *3* 章

动态稀疏主题模型

3.1 基本概念与符号

由于文本数据中的信息随着时间的推移而变化，主题演化相关研究逐渐在信息检索和数据挖掘方面变得丰富。每个时间段中主题的含义不是固定的，而是随着时间推移在文本中出现、变化和消失。举例来说，机器学习这一主题在 20 年前的文本数据中关注的内容是经典的分类回归算法如线性回归、随机森林等，但最近的研究常常和深度学习算法相结合。因此，建立主题演化模型来表示主题随时间的变化是非常有必要的。到目前为止，主题演化模型被分为连续时间和离散时间主题演化模型两种类型。第 1 种类型的典型模型是随时间演化主题模型（Topics over Time，TOT）（见文献 [2]）、连续时间动态主题模型（Continuous Time Dynamic Topic Models，cDTM）（见文献 [3]）和趋势分析模型（Trend Analysis Model，TAM）（见文献 [4]）；第 2 种离散时间主题演化模型可以细分为基于 LDA 的参数贝叶斯模型，例如时间文本挖掘模型（Temporal Text Mining，TTM）（见文献 [5]）、动态主题模型（Dynamic Topic Models，DTM）（见文献 [6]）和多尺度主题层析成像模型（Multiscale Topic Tomography Model，MTTM）（见文献 [7]）以及非参数贝叶斯模型，例如时间 Dirichlet 过程混合模型（Time-Sensitive Dirichlet Process Mixtule Models，TDPM）（见文献 [8]）和无限动态主题模型（Infinite Dynamic Models，iDTM）（见文献 [9]）。在所有这些模型中，DTM 是一个经典的主题演化模型，使用多项式分布的自然参数的状态空间模型来分析大型文档集合中主题的时间演化。

尽管主题演化模型最近很流行，但这里仍存在一个挑战：它假设所有主题都存在于每个时间点中。然而，随着时间的推移，以前重要的主题不再被考虑，而新的主题可能会出现。因此，为了挑选出每个时间切片中的关键主题，有必要在主题模型中应用主题的出现和消失机制。虽然，文本稀疏是一种用于对文档的主题和/或其潜在表示进行正则化的流行方法，包括稀疏主题编码（Sparse Topic Coding，STC）（见文献 [10]）、正则化潜在语义索引（Regularized Latent Semantic Indexing，RLSI）（见文献 [11]）和上下文聚焦主题模型（Continuous Time fractional Topic Models，cFTM）（见文献 [12]）。然而，所有这些方法都不适用于动态主题模型。

基于上述内容，我们将主题演化与稀疏性相结合，以表达各时期关注的主题同时排除冗余的主题。本章提出了一种新的贝叶斯稀疏主题模型，称为动态稀疏主题模型（SDTM）。SDTM 通过使用动态主题模型中的 spike-and-slab 先验分布来选择关注的主题来实现。模型的优点是它可以检测每个主题随时间推移的出现和消失，从而在不同的时间切片可以表达不同数量的主题，克服了"主题数人为划分"的缺点。本节介绍了 SDTM 模型的基本思路和主要功能，第 2 节会详细介绍 SDTM 的具体内容和生成过程，第 3 节将展示模型参数的推断方法，第 4 节是该模型在 2 个实际数据集（中国人民大学统计学院硕博毕业论文数据集和《美国统计协会杂志》（JASA）论文数据集）上的分析案例，最后的第 5 节对 SDTM 模型做总结及展望。

为了更好地引入模型，我们首先在表 3.1 中给出模型的符号解释：

表 3.1　SDTM 模型符号假定

符号	含义	类型
t	时刻数，取值 $t = 1, 2, \cdots, T$	常数
D_t	t 时刻文档总数	常数
K	主题数量	常数
α	狄利克雷分布的超参数	K 维向量
V	语料库的词总数	常数
η	狄利克雷分布的超参数	V 维向量
$\theta_d^{(t)}$	t 时刻文档 d 的主题分布	K 维向量
$z_{d,n}^{(t)}$	t 时刻文档 d 第 n 个词的主题	K 维向量
$\beta_{z_{d,n}}$	$z_{d,n}$ 对应的词语分布	V 维向量
$\omega_{d,n}^{(t)}$	t 时刻文档 d 第 n 个词语	字符串
$b_k^{(t)}$	t 时刻主题 k 是否表达	0-1 变量

3.2　动态稀疏主题模型

3.2.1　模型介绍

SDTM 是在 DTM（见第 1 章第 1.2.2 节）的基础上加入了稀疏先验参数来筛选各时刻表达的主题。具体来说，每个时刻中表达的主题数量会根据文档的信息而变化。模型的关键思想是限制 Dirichlet 分布上主题数量的大小，以实现稀疏性，并分析文档集合中主题信息随时间的演变。为此，使用伯努利变量来确定各主题是否在不同时期表达。为了避免文档主题分布出现病态即全部为 0 的情况，加入弱平滑先验使其仍然有定义和优良的性质。综上，在 DTM 的基础上，定义动态稀疏主题模型相关参数如下：

- **主题选择器**：在每个时间片 $t, t = 1, 2, \cdots, T$，主题选择器 $b_k^{(t)}$ 是一个 0-1

变量，用于判断主题 k, $k = 1, 2, \cdots, K$ 在时刻 t 是否在所有文档中出现。$\boldsymbol{b}_k^{(t)}$ 是从伯努利分布 Bernoulli(π_t) 中抽样，其中 π_t 伯努利分布的概率，它是从贝塔分布 Beta(s, v) 中抽样得到，以保证共轭从而方便后续进行参数推断。

- **表达的主题**: 如果主题选择器 $\boldsymbol{b}_k^{(t)} = 1$，那么认为主题 k 在 t 时刻表达。在时刻 t, $B_t = \left\{ k : \boldsymbol{b}_k^{(t)} = 1 \right\}$ 定义为表达主题的集合。

- **平滑先验和弱平滑先验**: 与 DTM 不同，使用平滑先验 α 和 弱平滑先验 $\bar{\alpha}$ 作为 θ_t 的 Dirichlet 先验。α 是用于结合选择的主题，$\bar{\alpha}$ 用于平滑未出现在相应文档中的主题（即未被主题选择器选择）。使用 $\bar{\alpha} \ll \alpha$，可以很容易地保持稀疏性的效果，同时也可以修复分布的错误定义。

3.2.2 模型生成过程

基于 3.2.1 节的定义，在图 3.1 中绘制了 SDTM 的概率图模型生成过程示意图并且在算法 3.1 中进行了总结。

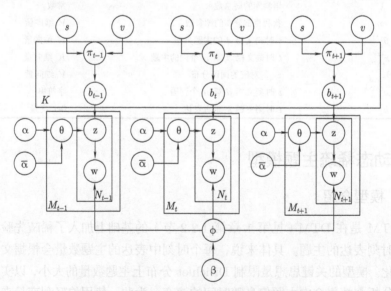

图 3.1 SDTM 概率图模型生成过程示意图

当 $\vec{b}_t = 0$ 时，Dirichlet 先验 Dirichlet($\alpha \vec{b}_t$) 接近于零，因此 Dirichlet 分布是病态的。为了解决这个问题，我们选择引入弱平滑先验 $\bar{\alpha}$，即便所有的 $\vec{b}_t = \vec{0}$，Dirichlet($\alpha \vec{b}_t + \bar{\alpha} \vec{1}$) 仍然是良定义的并且具有良好的性质。在建立稀疏主题分布

后，模型进一步从的多项式分布 $B_t = \left\{ k : b_k^{(t)} = 1 \right\}$ 中抽取主题 z。当 $\bar{\alpha} = 10^{-7}$ 时，仍可以得到 $\sum\limits_{k \in B_t} \theta_{dk}^{(t)} = 1$。

算法 3.1　SDTM 的生成过程

1: 对于 t 时刻的文档 $d(t = 1, 2, \cdots, T)$，我们进行如下操作：
2: 　i. 抽取 $\pi_t \sim \text{Beta}(s, v)$;
3: 　ii. 对于每个主题 $k \in \{1, \cdots, K\}$：
4: 　　（a）抽取主题筛选参数 $b_k^{(t)} \sim \text{Bernoulli}(\pi_t), \vec{b_t} = \left\{ b_k^{(t)} \right\}_{k=1}^{K}$;
5: 　　（b）对于时间片上的所有文档抽取对应主题 $t : B_t = \left\{ k : b_k^{(t)} = 1 \right\}$;
6: 　　（c）抽取 $\phi_k \sim \text{Dirichlet}(\beta_k)$ 作为主题-词分布;
7: 　　（d）抽取 $\theta_d^{(t)} \sim \text{Dirichlet}\left(\alpha \vec{b_t} + \bar{\alpha} \vec{1} \right)$ 作为文档-主题分布;
8: 对于词 $w_{di}^{(t)}$ $(t = 1, 2, \cdots, T; d = 1, \cdots, M_t; i = 1, \cdots, N_{td})$:
9: 　i. 抽取主题 $z_{di}^{(t)} \sim \text{Mult}\left(\theta_{d,k}^{(t)} : k \epsilon B_t \right)$;
10: 　ii. 抽取词 $w_{di}^{(t)} \sim \text{Mult}\left(\phi_{z_{di}} \right)$

3.3　参数推断方法

本节主要介绍动态稀疏主题模型参数的估计方法。在介绍模型的生成过程之后，我们将注意力转向所提出模型中的推断方法和参数估计。为了使用 SDTM，需要解决的关键问题是计算给定时刻 t 中文档隐变量的后验分布。设 $\Theta = \{s, v, \alpha, \bar{\alpha}, \beta\}$ 为超参数集；那么，联合概率可以写成如下形式：

$$P(\vec{W}^{(t)}, \vec{Z}^{(t)}, \vec{b}^{(t)}; \Theta) = \iiint P(\vec{W}^{(t)}, \vec{Z}^{(t)}, \vec{\theta}^{(t)}, \vec{\phi}^{(t)}, \vec{\pi}^{(t)}, \vec{b}^{(t)}; \Theta) \mathrm{d}\vec{\theta}^{(t)} \mathrm{d}\vec{\phi}^{(t)} \mathrm{d}\vec{\pi}^{(t)}.$$

$$(3.1)$$

可以看到，这里必须估计的隐变量是 z 和 b。首先写出隐变量的变分分布：

$$\hat{q}(z, b) = \prod_d \prod_i \hat{q}\left(z_{di}^{(t)} \mid \hat{\gamma}_{di}^{(t)} \right) \prod_d \prod_k \hat{q}(b_k^{(t)} \mid \hat{b}_k^{(t)}),$$

$$(3.2)$$

从上式可以看到，$\hat{\gamma}, \hat{b}$ 是 z, b 的变分参数。

总的来说，首先在 Θ 中设置超参数，以在某个具体时间切片 t 中更新模型的内部参数 z_t, b_t。然后，根据结果更新文档主题分布 $\theta^{(t)}$ 和主题词分布 ϕ。使用零阶坍塌变分贝叶斯推断算法 CVB0（见文献 [13]）来估计参数 $z_t b_t$。对于数量较大的文档集，CVB0 的性能优于坍塌吉布斯采样算法和坍塌变分贝叶斯推断算法。将在后续小节介绍该方法和应用该方法的模型的推断过程。

3.3.1 零阶坍塌变分贝叶斯推断算法

CVB0 结合了标准变分贝叶斯和坍塌吉布斯采样的优点。与 DTM 假设变量参数彼此独立不同，CVB0 算法考虑了 z_{di} 以及文档主题分布 θ、主题词分布参数 ϕ 之间的强相关性。由于 z_{di} 的内部是独立的，因此每个时间片上的后验分布可以表示为：

$$\hat{q}(z, \theta) = \hat{q}(\theta, \phi \mid z) \prod_{d,i} \hat{q}(z_{di} \mid \hat{\gamma}_{di})$$

对于对数似然函数 $-\log p(w \mid \Theta)$（Θ 是一组先验参数），有

$$-\log p(w \mid \Theta) \leqslant \hat{F}(\hat{q}(z)\hat{q}(\theta, \phi \mid z))$$

$$= E_{\hat{q}(z)\hat{q}(\theta, \phi \mid z)}[-\log p(w, z, \theta, \phi \mid \Theta)] - \mathcal{H}(\hat{q}(z)\hat{q}(\theta, \phi \mid z))$$

$$= E_{\hat{q}(z)\hat{q}(\theta, \phi \mid z)}[-\log p(\theta, \phi \mid w, z, \Theta)p(w, z \mid \Theta)] -$$

$$\mathcal{H}(\hat{q}(z)) - \mathcal{H}(\hat{q}(\theta, \phi \mid z)),$$

其中 $\mathcal{H}(\hat{q}(z)) = E_{\hat{q}(z)}[-\log \hat{q}(z)]$。

接下来，为了最小化对数似然函数 $-\log p(w \mid \Theta)$，主要考虑以下两个后验分布：$\hat{q}(\theta, \phi \mid z)$ 和 $\hat{q}(z)$。由于 $\hat{q}(\theta, \phi \mid z)$ 的形式没有限定，那么最小值在真实后验分布 $\hat{q}(\theta, \phi \mid z) = p(\theta, \phi \mid w, z, \Theta)$ 时取得，这可以边际化 θ, ϕ 并获得下界：

$$\hat{F}(\hat{q}(z)) \triangleq \min_{\hat{q}(\theta, \phi \mid z)} \hat{F}(\hat{q}(z)\hat{q}(\theta, \phi \mid z)) = E_{\hat{q}(z)}[-\log p(w, z \mid \Theta)] - \mathcal{H}(\hat{q}(z)),$$

因此，CVB0 只需要更新 z_{di} 的变分参数 $\hat{\gamma}_{di}$。最小化 $\hat{\gamma}_{di}$：

$$\hat{\gamma}_{dik} = \hat{q}(z_{di} = k)$$

$$= \frac{\exp\left(E_{\hat{q}(z^{\neg di})}\left[\log P\left(z^{\neg di}, w, z_{di} = k \mid \Theta\right)\right]\right)}{\sum_{k'=1}^{K} \exp\left(E_{\hat{q}(z^{\neg di})}\left[\log P\left(z^{\neg di}, w, z_{di} = k' \mid \Theta\right)\right]\right)}$$

$$= \frac{\exp\left(E_{\hat{q}(z^{\neg di})}\left[\log\left(\alpha + n_{dk\cdot}^{\neg di}\right) + \log\left(\beta + n_{\cdot k w_{di}}^{\neg di}\right) - \log\left(V\beta + n_{\cdot k\cdot}^{\neg di}\right)\right]\right)}{\sum_{k'=1}^{K} \exp\left(E_{\hat{q}(z^{\neg di})}\left[\log\left(\alpha + n_{dk\cdot}^{\neg di}\right) + \log\left(\beta + n_{\cdot k' w_{di}}^{\neg di}\right) - \log\left(V\beta + n_{\cdot k'\cdot}^{\neg di}\right)\right]\right)},$$

其中 $n_{dkm} = \#\{i : w_{di} = m, z_{di} = k\}$。最后，我们对对数函数进行零阶泰勒展开，可得：

$$\hat{\gamma}_{dik} \propto \left(\alpha + E_{\hat{q}}\left[n_{dk\cdot}^{\neg di}\right]\right)\left(\beta + E_{\hat{q}}\left[n_{\cdot kw_{di}}^{\neg di}\right]\right)\left(V\beta + E_{\hat{q}}\left[n_{\cdot k\cdot}^{\neg di}\right]\right)^{-1}.$$

3.3.2 参数估计

在上一节的基础上，我们使用 CVB0 更新隐变量 $b^{(t)}$ 和 $z^{(t)}$。首先，写出时刻 t 下的概率密度函数：

$$\iiint p(\vec{W}^{(t)}, \vec{Z}^{(t)}, \vec{\theta}^{(t)}, \vec{\pi}^{(t)}, \vec{b}^{(t)}; \Theta) \mathrm{d}\vec{\theta}^{(t)} \mathrm{d}\vec{\phi}^{(t)} \mathrm{d}\vec{\pi}^{(t)}$$

$$= \iiint \left(\prod_{d=1}^{M_t}\prod_{i=1}^{N_{td}} p\left(w_{d,i}^{(t)}; \vec{\phi}_{z_{d,i}}^{(t)}\right)\right)\left(\prod_{k=1}^{K} p\left(\vec{\phi}_k^{(t)}; \vec{\beta}_k\right)\right)\left(\prod_{d=1}^{M}\prod_{i=1}^{N_{td}} p\left(z_{d,i}^{(t)}; \vec{\theta}_d^{(t)}, \vec{b}^{(t)}\right)\right) \cdot$$

$$\left(\prod_{d=1}^{M_t} p\left(\vec{b}^{(t)}; \pi^{(t)}\right)\right)\left(\prod_{d=1}^{M_t} p\left(\vec{\theta}_d^{(t)}; \alpha, \bar{\alpha}, \vec{b}^{(t)}\right)\right)\left(\prod_{d=1}^{M_t} p\left(\pi^{(t)}; s, v\right)\right) \mathrm{d}\vec{\theta}^{(t)} \mathrm{d}\vec{\phi}^{(t)} \mathrm{d}\vec{\pi}^{(t)}$$

$$= \prod_{k=1}^{K} \frac{\Gamma\left(\sum\limits_{r=1}^{V} \beta_r\right)}{\prod\limits_{r=1}^{V} \Gamma\left(\beta_r\right)} \frac{\prod\limits_{r=1}^{V} \Gamma\left(n_{\cdot kr}^{(t)} + \beta_r\right)}{\Gamma\left(\sum\limits_{r=1}^{V}\left(n_{\cdot kr}^{(t)} + \beta_r\right)\right)} \prod_{d=1}^{M_t} \frac{\Gamma\left(\alpha \sum\limits_{k=1}^{K} b_k^{(t)} + K\bar{\alpha}\right)}{\prod\limits_{k=1}^{K} \Gamma\left(\alpha b_k^{(t)} + \bar{\alpha}\right)} \cdot$$

$$\frac{\prod\limits_{k=1}^{K} \Gamma\left(n_{dk\cdot}^{(t)} I\left[k \in B^{(t)}\right] + \alpha b_k^{(t)} + \bar{\alpha}\right)}{\Gamma\left(\sum\limits_{k=1}^{K}\left(n_{dk\cdot}^{(t)} I\left[k \in B^{(t)}\right] + \alpha b_k^{(t)}\right) + K\alpha\right)} \cdot$$

$$\frac{B\left(s + \#\left\{1 \leqslant k \leqslant K, b_k^{(t)} = 1\right\}, v + \#\left\{1 \leqslant k \leqslant K, b_k^{(t)} = 0\right\}\right)}{B(s, v)},$$

其中上角标 (t) 表示时刻 t 下对应的参数。

在 CVB0 中，我们假设隐变量 z 彼此独立；因此，联合后验分布和证据下界可写成如下形式：

$$\hat{q}(\boldsymbol{z}, \boldsymbol{b}) = \prod_{di} \hat{q}\left(\boldsymbol{z_{di}^{(t)}} \mid \boldsymbol{\hat{\gamma}_{di}^{(t)}}\right) \prod_{d} \hat{q}\left(\boldsymbol{b_k^{(t)}} \mid \boldsymbol{\hat{b}_k^{(t)}}\right),$$

$$L(\hat{q}(\boldsymbol{z}, \boldsymbol{b})) \triangleq E_{q(\boldsymbol{z}, \boldsymbol{b})}[-\log p(\boldsymbol{z}, \boldsymbol{w}, \boldsymbol{b} \mid \Theta)] - \mathcal{H}(\hat{q}(\boldsymbol{z}, \boldsymbol{b})),$$

其中 $\mathcal{H}(\hat{q}(z,b)) = E_{\hat{q}(z,b)}[-\log(\hat{q}(z,b))]$，以及 $\hat{\gamma}_{di}^{(t)}$ 是 $z_{di}^{(t)}$ 的变分参数，$\hat{b}_k^{(t)}$ 是 $b_k^{(t)}$ 的变分参数。对共轭参数 $\pi^{(t)}$，$\theta^{(t)}$ 和 $\phi^{(t)}$ 进行积分，这样只需要估计 z 和 b。

1. b 的变分伯努利分布估计

通过估计 $\hat{b}_k^{(t)}$ 以最小化 L，我们可以得到：

$$\hat{b}_k^{(t)} = \hat{q}\left(b_k^{(t)} = 1\right)$$

$$= \frac{\exp\left(E_{\hat{q}(z,b^{\neg k(t)})}\left[\log p\left(b_k^{(t)} = 1 \mid b^{\neg k(t)}, z : \Theta\right)\right]\right)}{\sum\limits_{m=0,1} \exp\left(E_{\hat{q}(z,b^{\neg k(t)})}\left[\log p\left(b_k^{(t)} = m \mid b^{\neg k(t)}, z : \Theta\right)\right]\right)}. \qquad (3.3)$$

使用 CVB0 中的变分方法，可以获得 $\hat{b}$ 的更新公式如下：

$$\hat{b}_k^{(t)} = \frac{b_k^{1(t)}}{b_k^{1(t)} + b_k^{0(t)}},$$

$$b_k^{1(t)} = \left(s + B^{\Theta \neg k(t)}\right)\Gamma\left(N_k^{\Theta(t)} + \alpha + \bar{\alpha}\right) \cdot$$

$$B\left(\alpha + K\bar{\alpha} + \alpha B^{\Theta \neg k(t)}, N^{\Theta(t)} + \alpha B^{\Theta \neg k(t)} + K\bar{\alpha}\right), \qquad (3.4)$$

$$b_k^{0(t)} = \left(v + K - 1 - B^{\Theta \neg k(t)}\right)\Gamma\left(\alpha + \bar{\alpha}\right) \cdot$$

$$B\left(K\bar{\alpha} + \alpha B^{\Theta \neg k(t)}, N^{\Theta(t)} + \alpha + \alpha B^{\Theta \neg k(t)} + K\bar{\alpha}\right),$$

其中 $B^{\Theta(t)} = \sum\limits_{k'} b_{k'}^{(t)}$，$N_k^{\Theta(t)} = \sum\limits_{d'i'} \hat{\gamma}_{d'i'k}^{(t)}$，$N^{\Theta(t)} = \sum\limits_{d'i'k'} \hat{\gamma}_{d'i'k'}^{(t)}$，$\neg k$ 的含义是不包括 $b_k^{(t)}$。

2. z 的变分伯努利分布估计

通过估计 $\hat{\gamma}_{di}^{(t)}$ 以最小化 L，可以得到：

$$\hat{\gamma}_{di}^{(t)} = \hat{q}\left(z_{di}^{(t)} = k\right)$$

$$= \frac{\exp\left(E_{\hat{q}(z^{\neg di(t)})}\left[\log P\left(z^{\neg di(t)}, w, z_{di}^{(t)} = k \mid \Theta\right)\right]\right)}{\sum\limits_{k'-1}^{K} \exp\left(E_{\hat{q}(z^{\neg di(t)})}\left[\log P\left(z^{\neg di(t)}, w, z_{di}^{(t)} = k' \mid \Theta\right)\right]\right)}$$

$$
= \frac{\exp\left(E_{\hat{q}\left(z^{\neg di(t)}\right)}\left[\log\left(\alpha_k'^{(t)} + n_{dk.}^{\neg di(t)}\right) + n_{.kw_{di}}^{(t)}\log\beta_{kw_{di}}\right]\right)}{\sum\limits_{k'=1}^{K}\exp\left(E_{\hat{q}\left(z^{\neg di(t)}\right)}\left[\log\left(\alpha_{k'}'^{(t)} + n_{dk'.}^{\neg di(t)}\right) + n_{.k'w_{di}}^{(t)}\log\beta_{k'w_{di}}\right]\right)}.
$$

应用 CVB0，我们可以得到：

$$
\hat{\gamma}_{dik}^{(t)} \propto \frac{N_{kw_{di}}^{\phi\neg di(t)} + \beta_{kw_{di}}}{\sum\limits_{r=1}^{V} N_{kr}^{\phi\neg di(t)} + \beta_{kr}}\left(N_{dk}^{\Theta\neg di(t)} + \alpha\hat{b}_k^{(t)} + \bar{\alpha}\right), \tag{3.5}
$$

其中 $\alpha_k'^{(t)} = \alpha b_k^{(t)} + \bar{\alpha}$，$N_{kr}^{\phi(t)} = \sum\limits_{d'i'} I\left[w_{d'i'} = r\right]\hat{\gamma}_{d'i'k}^{(t)}$。

3. 主题分布 θ 和词分布 ϕ 的估计

在循环迭代之后，我们可以根据前面输出的 $N_{dk}^{\Theta(t)}$ 和 $N_{kr}^{\phi(t)}$ 来估计 θ 和 ϕ：

$$
\begin{aligned}
\theta_{dk}^{(t)} &= \frac{N_{dk}^{\Theta(t)} + \alpha\hat{b}_k^{(t)} + \bar{\alpha}}{N_d^{\Theta(t)} + \alpha B^{\Theta(t)} + K\bar{\alpha}}, \\
\phi_{kw_{ij}} &= \frac{N_{kw_{ij}}^{\phi} + \beta}{N_k^{\phi} + V\beta},
\end{aligned} \tag{3.6}
$$

其中 $N_{dk}^{\Theta(t)} = \sum\limits_{i'}\hat{\gamma}_{di'k}^{(t)}, N_d^{\Theta(t)} = \sum\limits_{i'k'}\hat{\gamma}_{di'k'}^{(t)}, N_{kw_{ij}}^{\phi} = \sum\limits_{t=1}^{T} N_{kw_{ij}}^{\phi(t)}$ 且 $N_k^{\phi} = \sum\limits_{t=1}^{T}\sum\limits_{r=1}^{V} N_{kr}^{\phi(t)}$。

3.3.3　推断算法

给定文档 $\mathcal{C}$、词汇 $\boldsymbol{V}$，预定义数量的主题 $\boldsymbol{K}$ 和其他超参数的集合，可以使用变分迭代算法在时刻 t 更新 SDTM 中的变分参数，具体操作在算法 3.2 中进行了描述。

算法 3.2　SDTM 参数推断

输出： $\boldsymbol{K}, \mathcal{C}, \boldsymbol{\alpha}, \bar{\alpha}, \boldsymbol{s}, \boldsymbol{v}$

1: 初始化 $\pi^{(t)} = \left(\dfrac{1}{K}, \dfrac{1}{K}, \cdots, \dfrac{1}{K}\right)$；$\beta = \left(\dfrac{1}{V}, \dfrac{1}{V}, \cdots, \dfrac{1}{V}\right)$

2: **while** ELBO 未收敛，**do**

3:　　**for** $d = 1, 2, \cdots, M_t, i = 1, 2, \cdots, N_{dt}, k = 1, 2, \cdots, K$ **do**

4:　　　　基于公式 (3.5) 更新 $\hat{\gamma}_{dik}^{(t)}$ 并将其标准化；

5:　　**end for**

6:　　**for** $k = 1, 2, \cdots K$ **do**

7:　　　　基于公式 (3.4) 更新 $b_k^{(t)}$ 并将其标准化；

8:　　**end for**

9:　　如果 $\hat{\gamma}_t$ 和 $\hat{b}_t$ 都收敛了，

10:　　**for** 每篇文档 d, 每个主题 k 和文档中的每个词 n **do**

11:　　　　基于公式 (3.6) 更新 θ 和 ϕ, 输出 ELBO。

12:　　**end for**

13: **end while**

3.4　实例应用

在本节我们将 SDTM 应用于两个真实世界数据集：《美国统计协会杂志》（Journal of the American Statistical Association，JASA）发表的论文集和中国人民大学统计学院的硕博论文集。

3.4.1　JASA 数据集

1. 描述性分析

我们首先来看 SDTM 在期刊数据集上的效果。JASA 是一份国内外享有盛名的统计学学术期刊，被誉为统计学四大期刊之一。统计学在近几十年来在传统统计、机器学习、深度学习方面的研究越来越多，每年的关注问题也随时间发生了变化。作为统计学的领头羊，JASA 已经发表了许多关于这些主题的论文，因此存在非常好的分析价值。本文抓取了 2011 年至 2020 年间 JASA 发表的研究论文摘要（https://www.tandfonline.com）。JASA 在这 10 年间发表了 1515 篇论文。图 3.2 左侧显示，从 2011 年到 2020 年，JASA 每年发表约 150 篇论文。由于摘要太短可能会降低主题模型的估计性能，因此只保留超过 50 个单词的摘要。

在构建 SDTM 之前，先对摘要进行一定的预处理。具体来说，我们删除标点符号和数字，并将每个摘要分成单词；停用词使用 Python 包 nltk 删除。最后，删除低频词（即出现少于 10 次的词）。生成的 JASA 语料库有 1295 个单词。图 3.2 右侧显示了 JASA 摘要中单词数量的分布，平均单词数约为 120 个。

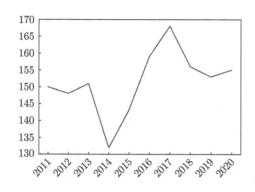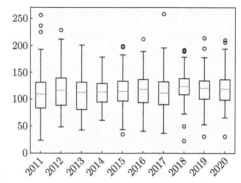

图 3.2　《美国统计协会杂志》每年发表的论文数量（左）和摘要字数（右）

2. 建模结果

为了研究 JASA 摘要中表达的主题和内容随时间的演化，将 SDTM 应用到文本语料中。鉴于 JASA 论文的摘要很短（即只有大约 100 个单词），在 SDTM 中设置的主题数较少。具体来说，假设主题的数量为 10 个；设置超参数 $\alpha = \beta = 0.1$，$\bar{\alpha} = 10^{-7}$，稀疏超参数 $s = v = 0.5$，以及时间片 $T = 10$。为了进行比较，构建了 DTM，以对具有主题演化和没有主题稀疏性的文本语料库进行建模。

为了说明主题的含义，图 3.3 首先显示了 SDTM 估计的 10 个主题中表达概率最高的 10 个单词。可以从条形图看到，每个主题都是关注不同的问题，包括高维回归、网络分析、贝叶斯推断和空间过程、生物统计、主成分分析和统计假设检验等等。每个主题都有明确的含义，并侧重于不同的领域。

接下来我们关注主题的出现和消失。将每年主题 2、6 和 10 的表达概率记为 b_t，$t = 1, 2, \cdots, 10$。图 3.4 显示了表达概率随时间的变化。用 0.4 的虚线将具有高表达概率和低表达概率的主题分开。该图说明了这 3 个主题估计的表达概率 b_t 出现了不同的趋势。主题 2 侧重于网络分析，前两年的表达率很低，在接下来的 8 年中有所增加。这是合理的因为 2013 年深度学习和神经网络的发展开始普及。相反，专注于统计假设检验的主题 10 从 2015 年开始呈现下降趋势，这表明传统的统计假设检验并没有得到更多的学术关注，因为它们已经非常成熟。主题 6 侧重于贝叶斯分析，在过去 10 年中表达概率都很高，这表明贝叶斯推断是一个长期热门的研究领域。

为了将 SDTM 结果与 DTM 的结果进行比较，图 3.5 绘制了 DTM 10 个主题中出现概率的前 10 个单词。该图显示，DTM 估计的大多数主题含义都很混杂，不能反映 10 个主题的重点。此外，由于 DTM 不考虑主题出现和消失，因此估计的主题概率与真实数据的关注点不同。因此，DTM 的主题演化并不能反映主题的含义。

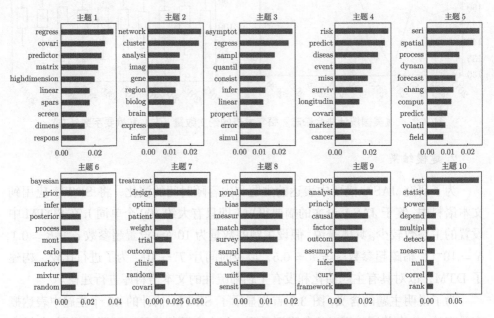

图 3.3　SDTM 估计的 10 个主题中表达概率最高单词的条形图

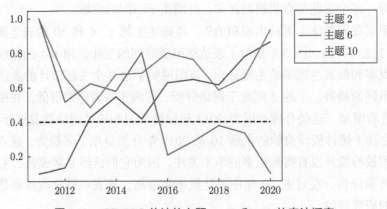

图 3.4　SDTM 估计的主题 2、6 和 10 的表达概率

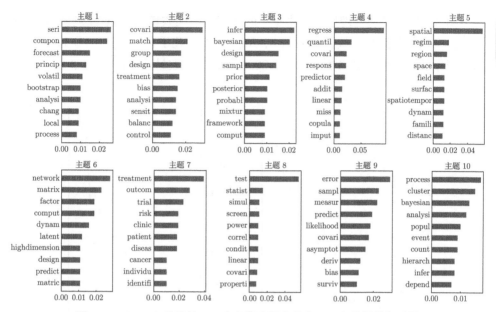

图 3.5 DTM 估计的 10 个主题中概率最高 10 个单词的条形图

最后，我们计算了 SDTM 和 DTM 的困惑度和 PMI。SDTM 和 DTM 的困惑指数分别为 467.06 和 509.04，而 SDTM 和 DTM 的 PMI 分别为 0.633 和 0.05。这些结果表明，SDTM 在两个指标上都优于 DTM，表明所提出的模型可以通过比经典 DTM 更高的质量提取文档主题信息。

3.4.2 研究生论文语料库

1. 数据介绍

第 2 个数据集基于中国人民大学统计学院 1988 年至 2019 年的研究生论文。文本内容包括出版年份和标题，包含 2122 篇论文。

2. 数据预处理和描述性分析

为了减少噪声的影响，在构建 SDTM 之前先进行两步预处理。具体来说，首先使用 IFLYTEK 将标题翻译成英语（https://fanyi.xfyun.cn/console/trans）。接下来，对于每篇论文的标题，使用 Python 中的 nltk 包来删除标点符号、数字并分割单词。之后，使用英语停用词词典以及自定义研究、方法和理论等高概率但无实际意义的词来删除停用词。最后，删除出现次数少于 3 次的单词。

图 3.6 展示了预处理后论文集每年的文档和单词数量。图 3.6 左侧显示，2003 年后，文档数量增长较快，2005 年与 2004 年相比几乎翻了一番。图 3.6 右侧所示，每年的单词数也会增加。例如，2005 年，单词数量从 240 个增加到 600 个。

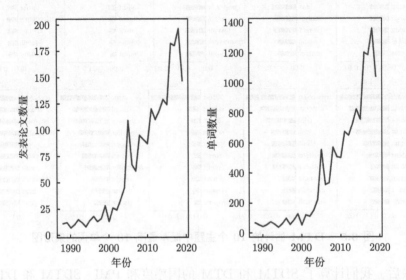

图 3.6　从 1988 年到 2019 年，每年发表的论文数量（左）和单词数量（右）

3. 建模结果

由于标题的长度比摘要的长度短，将主题数量设置为 $K = 8$。其他参数为 $\alpha = \beta = 0.125, \bar{\alpha} = 10^{-7}, s = v = 0.5$ 和时间切片 $T = 32$，每年作为一个时间片。图 3.7 展示了 8 个主题的单词分布，可以看到单词变量、选择、线性、高和维度在主题 1 中的概率很高。这意味着主题 1 表达的主题是高维变量选择。主题 6 包含调查、抽样、客户和居民，主题涉及客户和居民行为的调查抽样。主题 8 包含股票、市场和金融，可被视为股票市场的金融分析。其他主题根据最前面单词的含义可发现与网络算法、经济发展、信用风险、人寿保险有关。从结果来看，8 个主题中表达概率高的前几个单词可以清楚地表达主题的含义。

接下来，我们继续关注主题出现和消失。将每年主题 1、3 和 8 估计的表达概率记为 b_t，$t = 1, 2, \cdots, 32$，图 3.8 显示了主题估计的表达概率随时间的变化趋势。用 0.4 的虚线将具有高表达概率和低表达概率的主题分开。该图说明了这 3 个主题估计的表达概率 b_t 显示出不同的趋势。主题 1 在 1995 年之前表达的概率很低。这是合理的，因为直到 2000 年，统计学硕博论文的主要关注点都是经济发展，而较少关注高维变量选择。与主题 1 相比，主题 3 在前 14 年表达的概率很高，因为它关注经济增长，而这是 2000 年之前最受关注的主题。主题 8 表达的概率一直很高，这表明股市分析在过去 30 年中一直很流行。这些主题表达结果表明，SDTM 可以帮助选择文章重点关注的主题。

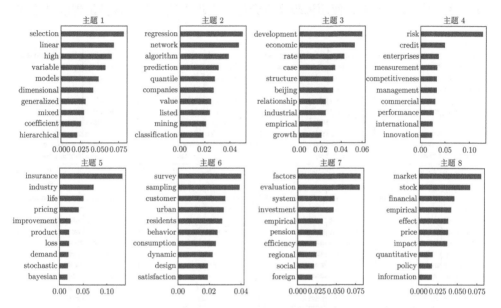

图 3.7　SDTM 估计的 8 个主题中概率最高单词的条形图

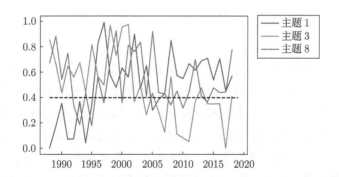

图 3.8　SDTM 估计的主题 1、3 和 8 各时刻的表达概率

为了将这些结果与 DTM 的结果进行比较，在图 3.9 绘制了 DTM 8 个主题表达概率最高的前 10 个单词。我们发现 DTM 中的主题含义不如 SDTM 中的清晰和准确。例如，DTM 估计的主题 4 和 6 的含义有些复杂，而主题 3、4 和 6 则具有相同的高概率词。此外，在 1988 年，高概率主题为 3 和 8，重点是风险测量和评估系统。然而，真实世界的数据表明，这一主题仍然以基于会计的经济统计为主导。因此，DTM 在使用稀疏文本数据时表现不佳，并且容易出现混合主题。

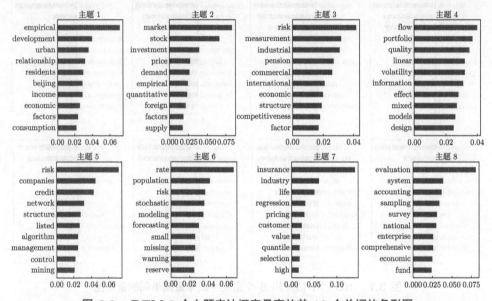

图 3.9 DTM 8 个主题表达概率最高的前 10 个单词的条形图

3.5 讨论

在这一章，我们使用离散时间切片来研究主题的稀疏和演化。本章提出了一个新的贝叶斯模型，其中主题可以在每个时间片中出现或消失。为了证明这个想法，假设每个主题都有一个出现和消失指示器，以决定它是否在每个时间片中表达。只有当一个主题在当前时间片中存在时，它才能由文档表示。将所提出的模型应用于两个真实世界的文本语料：JASA 论文数据集和中国人民大学统计学院的硕博论文数据集。结果表明，SDTM 模型能够识别这两个文本语料库中的潜在主题，并优于基准模型 DTM。

对于未来的研究，在以下几个方向。首先，稀疏动态建模方法可以扩展到

DTM 以外的其他经典主题演化模型，以识别更复杂的关系。其次，更稀疏的结构可以和 SDTM 相结合，例如稀疏矩阵、Lasso 和 Group Lasso。最后，可以考虑单词的稀疏性，而不仅是主题的稀疏性。

参考文献

[1] BLEI D M, NG A Y, JORDAN M I. Latent dirichlet allocation[J]. Journal of machine Learning research, 2003, 3(Jan): 993-1022.

[2] WANG X, MCCALLUM A. Topics over time: a non-markov continuous-time model of topical trends[C]//Proceedings of the 12th ACM SIGKDD international conference on Knowledge discovery and data mining. 2006: 424-433.

[3] WANG C, BLEI D M, HECKERMAN D. Continuous Time Dynamic Topic Modelss[C]//Conference on Uncertainty in Artificial Intelligence. 2008.

[4] KAWAMAE N. Trend analysis model: trend consists of temporal words, topics, and timestamps[C]//Proceedings of the fourth ACM international conference on Web search and data mining. 2011: 317-326.

[5] MEI Q, ZHAI C X. Discovering evolutionary theme patterns from text: an exploration of temporal text mining[C]//Proceedings of the eleventh ACM SIGKDD international conference on Knowledge discovery in data mining. 2005: 198-207.

[6] BLEI D M, LAFFERTY J D. Dynamic topic models[C]//Proceedings of the 23rd international conference on Machine learning. 2006: 113-120.

[7] NALLAPATI R M, DITMORE S, LAFFERTY J D, et al. Multiscale topic tomography[C]//Proceedings of the 13th ACM SIGKDD international conference on Knowledge discovery and data mining. 2007: 520-529.

[8] AHMED A, XING E. Dynamic non-parametric mixture models and the recurrent chinese restaurant process: with applications to evolutionary clustering[C]//Proceedings of the 2008 SIAM international conference on data mining. Society for Industrial and Applied Mathematics, 2008: 219-230.

[9] AHMED A, XING E P. Timeline: Dynamic hierarchical Dirichlet process model for recovering birth/death and evolution of topics in text stream[C]//Proceedings of the 26th Conference on Uncertainty in Artificial Intelligence. 2010: 20-29.

[10] ZHU J, XING E P. Sparse topical coding[C]//Proceedings of the Twenty-Seventh Conference on Uncertainty in Artificial Intelligence. 2011: 831-838.

[11] WANG Q, XU J, LI H, et al. Regularized latent semantic indexing[C]//Proceedings of the 34th international ACM SIGIR conference on Research and development in Information Retrieval. 2011: 685-694.

[12] CHEN X, ZHOU M, CARIN L. The contextual focused topic model[C]//Proceedings of the 18th ACM SIGKDD international conference on Knowledge discovery and data mining. 2012: 96-104.

[13] LIN T, TIAN W, MEI Q, et al. The dual-sparse topic model: mining focused topics and focused terms in short text[C]//Proceedings of the 23rd international conference on World wide web. 2014: 539-550.

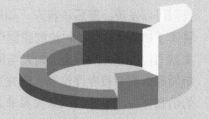

第 *4* 章

动态稀疏联合主题
模型

4.1 基本概念与符号

近年来，许多领域都积累了大量的文本文档。我们可以轻松地访问来自不同领域的多组数据，并发现它们存在相关关系。例如，在学术领域，研究人员经常在学术会议上讨论前沿研究课题，而这些创新的想法会反映在随后的期刊出版物中。我们可以发现，滞后语料库（如期刊发表论文）中表达的主题很可能已在领先语料库（如学术会议）讨论的主题中出现，而这种现象被定义为领先-滞后关系，见文献 [1]。除学术文献外，领先与滞后的关系还可以在很多领域找到，如股票投资、新闻媒体和消费者评论等。研究这一关系对于更好地理解两个文本语料库中变化的动态并揭示潜在的因果关系非常重要。此外，领先语料库中的信息可用于预测将在滞后语料库中讨论的主题。

为了研究两个文本语料库之间的领先-滞后关系，在动态联合主题模型（Joint Dynamic Topic Model，JDTM）（见文献 [1]）的基础上，提出了一种具有可变领先-滞后时间的贝叶斯动态稀疏联合主题模型（Sparse Joint Dynamic Topic Model，SJDTM）。具体来说，假设两个文本语料库共有 3 种类型的主题：（1）共享主题，表示领先和滞后语料库中共享的语义信息；（2）领先语料库特定主题，只特定表达领先语料库的语义信息；（3）滞后语料库特定主题，只特定表达滞后语料库的语义信息。除此以外，尽管共享主题在两个语料库中都有表示，但表示时间不同。此外，通过假设每个主题存在对应的生存概率，为所有主题提供了出生和死亡机制。值得注意的是，这里使用的生存概率不同于经典的"生存分析"概念。如果主题可以在对应时间由文档表达，那么认为该主题生存。只有当主题在当前时间片中生存时，它才能由语料库表示。基于这种稀疏性假设，可以使模型变得更为简洁，更接近现实情况。

首先给出 SJDTM 的设定：假设在时刻 $t = 1, 2, \cdots, T$ 存在两个文本语料库，一个记为领先语料库，符号表示为 $\mathcal{C}_{\text{lead}} = \{\mathcal{C}_{\text{lead},1}, \cdots, \mathcal{C}_{\text{lead},T}\}$；另一个记为滞后语料库，符号表示为 $\mathcal{C}_{\text{lag}} = \{\mathcal{C}_{\text{lag},1}, \cdots, \mathcal{C}_{\text{lag},T}\}$。对于时刻 $1 \leqslant t \leqslant T$，我们假定两个语料库的文档数为 $D_{\text{lead},t}$ 和 $D_{\text{lag},t}$。对于两个语料库中的某个文档 d，我们假设它包含 N_d 个单词，可以表示为：$\boldsymbol{w}_d = \{w_{d,1}, w_{d,2}, \cdots, w_{d,N_d}\}$。

同时假设这两个语料库有 3 种类型的主题。具体来说，假设领先和滞后语料库都讨论了 K 个共享主题。此外，假设有 J 个领先语料库特定主题和 H 个滞后语料库特定主题。领先语料库的特定主题仅由领先语料库表达，而滞后语料库的特定主题只由滞后语料库表达。对于时刻 t 的每个主题，假设它在 V 个单词的词汇表上具有概率分布。在时间 t，使用 $\alpha_{t,k}$、$\beta_{t,j}$ 和 $\gamma_{t,h}$ 分别表示第 k 个共享主题、第 j 个领先语料库特定主题和第 h 个滞后语料库特定主题的主题-词概率分布。3 类主题的设置表征了领先语料库和滞后语料库之间内容的相似性和差异。

为了更好地引入模型，我们首先在下表中给出模型的符号解释，见表 4.1：

表 4.1　SJDTM 模型符号假定

符号	含义	类型
t	时刻数，取值 $t = 1, 2, \cdots, T$	常数
D_t	t 时刻文档总数	常数
K, J, H	共享主题、领先语料库主题、滞后语料库主题数	常数
α_t	t 时刻共享主题未经 softmax 变换的词分布	K 维向量
β_t	t 时刻领先语料库主题未经 softmax 变换的词分布	J 维向量
γ_t	t 时刻滞后语料库主题未经 softmax 变换的词分布	H 维向量
$\theta_d^{(t)}$	t 时刻文档 d 的主题分布	向量
$z_{d,n}^{(t)}$	t 时刻文档 d 第 n 个词的主题	向量
$\omega_{d,n}^{(t)}$	t 时刻文档 d 第 n 个词语	字符串
λ	共享主题、领先语料库主题、滞后语料库主题的生存概率	向量
τ	共享主题的滞后期	常数
b	共享, 领先语料库, 滞后语料库主题的生存指示器	0-1 变量

4.2　动态稀疏联合主题模型

本节基于 SJDTM 的符号描述领先和滞后语料库文档生成过程。首先，考虑领先语料库的生成过程。假设在 t 时领先语料库中的文档 d 具有 K 个共享主题和 J 个领先特定主题的分布 θ_d。因此，θ_d 是一个 $(K + J)$ 维向量，表示所有 K 个共享主题和 J 个领先特定主题的概率。但是，有些主题可能没有在此时间段中由文档表示。换句话说，这些主题在这个时间片中是死亡状态。因此，允许所有主题都存在一个出生和死亡机制，这使得模型变得稀疏并减少了参数集。具体来说，让 λ_k^{share} 表示第 k 个共享主题的生存概率。类似地，使用 λ_j^{lead} 和 λ_h^{lag} 分别表示第 j 和第 h 个特定于领先和滞后语料库主题的生存概率。进一步假设所有生存概率与参数 π 共享相同的先验分布。

在前面的基础上，可以看到文档中表达的主题受生存概率的影响。以领先语料库中的文档 d 为例，θ_d 表示本文档所代表的 K 个共享主题和 J 个特定主题的概率。然后，对于本文档中的第 n 个单词 w_{dn}，其对应的主题由两个步骤确定。首先，从具有参数 θ_d 的多项式分布中选择潜在主题 z_{dn}。其次，根据主题类型（共享或领先语料库特定），通过伯努利分布决定潜在主题 z_{dn} 是否存在。伯努利分布的参数是该主题在时刻 t 上的生存概率。如果主题 z_{dn} 存活，则可以根据主题 z_{dn} 下的主题词分布来选择第 n 个单词；否则，将不生成第 n 个单词。在这种生成过程下，模型变得稀疏，文档中的单词可以更加集中于生存的主题。

在时刻 t, 滞后语料库中的文档 d' 在 K 个共享主题和 H 个滞后语料库特定主题上也具有概率分布 $\phi_{d'}$。因此，$\phi_{d'}$ 是一个 $(K+H)$ 维向量，表示所有共享主题和滞后语料库特定主题的概率。与领先语料库相似，滞后语料库也可以根据生存概率表达特定时间段中的部分主题。由生存概率可知，文档 d' 中的每个单词只能代表一个生存的共享主题或一个生存的滞后特定主题。接下来，我们关注领先和滞后语料库之间的领先-滞后关系。假设领先-滞后关系由 K 个共享主题表示，但具有不同的滞后期。对于第 k 个 $(1 \leqslant k \leqslant K)$ 共享主题，将 τ_k 定义为其滞后期，同时假设 $\tau_{\max}$ 是最大滞后期。$\tau_k \in \{1, 2 \cdots \tau_{\max}\}$ 是遵循参数为 κ 的多项式分布。时刻 t 的文档 d' 可以在时刻 $t + \tau_k$ 表达第 k 个共享主题（如果存活），或者在时刻 t 表达第 h 个特定于滞后语料库的主题（如果存活）。在算法 4.1 中总结了 SJDTM 的生成过程，并在图 4.1 中说明了图模型表示。

算法 4.1　SJDTM 的生成过程

输出：　$\mathcal{C}_{\text{lead}}, \mathcal{C}_{\text{lag}}, \nu, \eta, \pi, K, J, H$ and L

1: **for** 时间切片 $t = 1, 2, \cdots, T$ **do**

2:　（a）抽取共享主题 $\alpha_{t,k} | \alpha_{t-1,k} \sim N(\alpha_{t-1,k}, \sigma_k^2 I), 1 \leqslant k \leqslant K$

3:　（b）抽取领先特定主题 $\beta_{t,j} | \beta_{t-1,j} \sim N(\beta_{t-1,j}, \sigma_j^2 I), 1 \leqslant j \leqslant J$

4:　（c）抽取滞后特定主题 $\gamma_{t,h} | \gamma_{t-1,h} \sim N(\gamma_{t-1,h}, \sigma_h^2 I), 1 \leqslant h \leqslant H$

5: **end for**

6: **for** 所有主题的生存概率 **do**

7:　（a）对于第 k 个共享主题 $(1 \leqslant k \leqslant K)$, 抽取 $\lambda_k^{\text{share}} \sim \text{Beta}(\pi)$;

8:　（b）对于第 j 个领先特定主题 $(1 \leqslant j \leqslant J)$, 抽取 $\lambda_j^{\text{lead}} \sim \text{Beta}(\pi)$;

9:　（c）对于第 h 个滞后特定主题 $(1 \leqslant h \leqslant H)$, 抽取 $\lambda_h^{\text{lag}} \sim \text{Beta}(\pi)$;

10: **end for**

11: **for** 主题滞后期（最大值为 L）**do**

12:　（a）抽取滞后概率 $\kappa \sim \text{Dir}(\nu)$;

13:　（b）对于第 k 个共享主题 $(1 \leqslant k \leqslant K)$, 抽取滞后期 $\tau_k \sim \text{Mult}(\kappa)$;

14: **end for**

15: **for** 时刻 t 下领先语料库的文档 d **do**

16:　（a）抽取文档-主题分布 $\theta_d \sim \text{Dir}(\eta)$

17:　（b）对于该文档的每个词 n：

18:　　　i. 抽取主题分配 $z_{dn} \sim \text{Mult}(\theta_d)$

19:　　　ii. 如果 z_{dn} 对应第 k 个共享主题, 抽取主题生存指示器 $b_{dn} \sim \text{Bernoulli}(\lambda_k^{\text{share}})$；

　　　　　如果 $b_{dn} = 1$, 抽取词 $w_{dn} \sim \text{Mult}(\text{softmax}(\alpha_{t,k}))$

20:　　　iii. 如果 z_{dn} 对应第 j 个领先特定主题, 抽取主题生存指示器 $b_{dn} \sim \text{Mult}(\lambda_j^{\text{lead}})$；

　　　　　如果 $b_{dn} = 1$, 抽取词 $w_{dn} \sim \text{Mult}(\text{softmax}(\beta_{t,j}))$

21: **end for**

22: **for** 时刻 t 下滞后语料库的文档 d' **do**

23:　（a）抽取文档-主题分布 $\theta_{d'} \sim \text{Dir}(\eta)$

24:　（b）对于该文档的每个词 n：

25:　　　i. 抽取主题分配 $z_{d'n} \sim \text{Mult}(\phi_{d'})$

26:　　　ii. 如果 $z_{d'n}$ 对应第 k 个共享主题, 抽取主题生存指示器 $b_{d'n} \sim \text{Bernoulli}(\lambda_k^{\text{share}})$；

　　　　　如果 $b_{d'n} = 1$, 抽取词 $w_{d'n} \sim \text{Mult}(\text{softmax}(\alpha_{t-\tau_k,k}))$

27:　　　iii. 如果 $z_{d'n}$ 对应 h 个滞后特定主题, 抽取主题生存指示器 $b_{d'n} \sim \text{Mult}(\lambda_h^{\text{lag}})$；

　　　　　如果 $b_{d'n} = 1$, 抽取词 $w_{d'n} \sim \text{Mult}(\text{softmax}(\gamma_{t,h}))$

28: **end for**

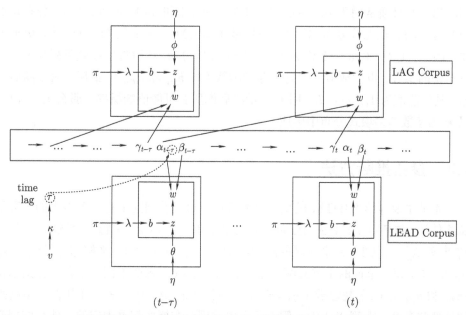

图 4.1　以一个共享主题、一个领先特定主题和一个滞后特定主题为例展示说明 SJDTM 的生成过程, 共享主题的滞后期为 τ

在此，我们对上面的生成过程进行一些解释。首先，为了描述每个主题随时间的演化方式，我们使用高斯过程来建模主题词概率分布中的自然参数（即 $\alpha_{t,k}, \beta_{t,j}, \gamma_{t,h}$）。以 $\alpha_{t,k}$ 为例。我们假设它是由多维正态分布生成的，期望为 $\alpha_{t-1,k}$，协方差矩阵为 $\sigma_k^2 \boldsymbol{I}$，其中 $\boldsymbol{I}$ 是 V 维单位矩阵。类似地，假设 $\alpha_{t+1,k}$ 由多维正态分布生成，期望为 $\alpha_{t,k}$，协方差矩阵为 $\sigma_k^2 \boldsymbol{I}$。对于每个时刻 $1 \leqslant t \leqslant T$，$\alpha_{t,k}$ 将依次生成，这样通过时刻的推移产生了一系列多维正态分布，从而产生了高斯过程。通过使用此高斯过程，每个主题（如 $\alpha_{1,k}, \cdots, \alpha_{T,k}$）的值可以随时间动态变化。这里值得注意的是，$\alpha_{t,k}$ 的值可以是任何实数，因为它们是从多正态分布生成的。因此，它们不能直接表达词分布概率，因为后者的值介于 0 和 1 之间。为此，使用 softmax 变换将 $\alpha_{t,k}$ 映射到单纯形，这里 softmax 函数被定义为 $\text{softmax}(x) = \dfrac{\exp(x)}{\sum\limits_{i=1}^{g} \exp(x_i)}$，$x$ 表示任意的 g 维向量。最后，$\alpha_{t,k}$ 经过 softmax 变换后的值被视为真正的主题-词分布。

接下来，对于生存概率（即 $\lambda_k^{\text{share}}, \lambda_j^{\text{lead}}, \lambda_h^{\text{lag}}$），如果它们的值介于 0 和 1 之间，使用带有参数 π 的 Beta 分布来生成它们。注意，Beta 分布是生成 0 和 1 之间的值，并且通常用于稀疏主题建模（见文献 [2] 和 [3]）。此外，Beta 分布是伯努利分布的共轭先验分布，这使得使用基于 MCMC 的方法进行模型计算更加方便。因此，选择 Beta 分布作为生存概率的先验分布，然后将生存概率视为伯努利分布中的参数，以生成 0-1 主题生存指示器（即 b_{dn} 和 $b_{d'n}$）。最后，对于滞后期 τ_k，其可能值为 $1, 2, \cdots, L$。用 κ 表示滞后期所有可能值的概率，那么 τ_k 可以从以 κ 为参数的多项式分布中生成。

4.3　参数推断方法

本节主要介绍 SJDTM 的变分推断方法。可以看到这里有一个很大的参数集需要估计，包括：（1）主题词分布（$\alpha_{t,k}$，$\beta_{t,j}$ 和 $\gamma_{t,h}$）；（2）主题生存概率（λ_k^{share}、λ_j^{lead} 和 λ_h^{lag}）；（3）共享主题的滞后期指标（τ_k，κ）；（4）文档-主题分布（θ_d，$\phi_{d'}$）；（5）每个单词的主题分配（z_{dn} 和 $z_{d'n}$）；（6）每个单词的主题生存指示器（b_{dn} 和 $b_{d'n}$）；（7）超参数（η、σ_k^2、σ_j^2、σ_h^2 和 π、ν、δ_f^2、δ_l^2）。采用两步策略来估计这些参数。在第 1 步中，假设所有主题词分布概率都是固定的，然后应用变分贝叶斯期望最大化（EM）算法来更新所有其他参数。第 2 步，专注于主题词

分布概率的估计（即 $\alpha_{t,k}$，$\beta_{t,j}$，$\gamma_{t,h}$）。假设这些参数通过高斯过程建模以表征其动态变化，应用变分卡尔曼滤波方法进行估计。本文分别在下两节中讨论这些步骤，然后给出更新 SJDTM 参数的算法。

4.3.1　变分贝叶斯 EM 算法

在本小节中，我们假设所有主题-词分布概率（$\alpha_{t,k}$、$\beta_{t,j}$ 和 $\gamma_{t,h}$）都是固定的，然后应用变分贝叶斯 EM 算法来更新所有其他参数。本文将在下面详细讨论领先和滞后语料库的参数估计过程。

1. 领先语料库的参数估计

首先写出领先语料库中每个文档的对数似然函数，然后应用詹森不等式导出其证据下界。对于领先语料库中时刻 t 的第 d 篇文档，令 $\boldsymbol{w} = \{w_{d1}, \cdots, w_{dN}\}$，$\boldsymbol{z} = \{z_{d1}, \cdots, z_{dN}\}$ 和 $\boldsymbol{b} = \{b_{d1}, \cdots, b_{dN}\}$，其中 N 是文档中的总词数。此外，$\boldsymbol{\alpha} = \{\alpha_{t,k} : 1 \leqslant t \leqslant T, 1 \leqslant k \leqslant K\}$ 和 $\boldsymbol{\beta} = \{\beta_{t,j} : 1 \leqslant t \leqslant T, 1 \leqslant j \leqslant J\}$ 分别是所有共享主题和特定主题的主题-词分布概率集；$\boldsymbol{\lambda}^{\text{share}} = \{\lambda_1^{\text{share}}, \cdots, \lambda_K^{\text{share}}\}$ 和 $\boldsymbol{\lambda}^{\text{lead}} = \{\lambda_1^{\text{lead}}, \cdots, \lambda_J^{\text{lead}}\}$ 分别是共享主题和特定主题的生存概率集。θ_d 作为第 d 个文档的主题比例。为了简单起见，省略了 θ_d 的下标 d。随后，可以导出第 d 篇文档的对数似然函数及其证据下界如下：

$$\log p(\boldsymbol{w} \mid \theta, \boldsymbol{\lambda}^{\text{lead}}, \boldsymbol{\lambda}^{\text{share}}, \boldsymbol{\alpha}, \boldsymbol{\beta}) = \log \iint p(\boldsymbol{w}, \boldsymbol{z}, \boldsymbol{b} \mid \theta, \boldsymbol{\lambda}^{\text{lead}}, \boldsymbol{\lambda}^{\text{share}}, \boldsymbol{\alpha}, \boldsymbol{\beta}) \mathrm{d}\boldsymbol{z}\mathrm{d}\boldsymbol{b}$$

$$= \log \iint q(\boldsymbol{z}, \boldsymbol{b}) \frac{p(\boldsymbol{w}, \boldsymbol{z}, \boldsymbol{b} \mid \theta, \boldsymbol{\lambda}^{\text{lead}}, \boldsymbol{\lambda}^{\text{share}}, \boldsymbol{\alpha}, \boldsymbol{\beta})}{q(\boldsymbol{z}, \boldsymbol{b})} \mathrm{d}\boldsymbol{z}\mathrm{d}\boldsymbol{b}$$

$$\geqslant \iint q(\boldsymbol{z}, \boldsymbol{b}) \log p(\boldsymbol{w}, \boldsymbol{z}, \boldsymbol{b} \mid \theta, \boldsymbol{\lambda}^{\text{lead}}, \boldsymbol{\lambda}^{\text{share}}, \boldsymbol{\alpha}, \boldsymbol{\beta}) \mathrm{d}\boldsymbol{z}\mathrm{d}\boldsymbol{b} - \iint q(\boldsymbol{z}, \boldsymbol{b}) \log q(\boldsymbol{z}, \boldsymbol{b}) \mathrm{d}\boldsymbol{z}\mathrm{d}\boldsymbol{b}$$

$$= E_q \log p(\boldsymbol{w}, \boldsymbol{z}, \boldsymbol{b} \mid \theta, \boldsymbol{\lambda}^{\text{lead}}, \boldsymbol{\lambda}^{\text{share}}, \boldsymbol{\alpha}, \boldsymbol{\beta}) - E_q \log q(\boldsymbol{z}, \boldsymbol{b}).$$

基于平均场假定，假设 $q(\boldsymbol{z}, \boldsymbol{b}) = q(\boldsymbol{z} \mid \boldsymbol{\xi})q(\boldsymbol{b} \mid \boldsymbol{\psi})$，其中 $\boldsymbol{\xi}$ 和 $\boldsymbol{z}$ 是 $\boldsymbol{b}$ 和 $\boldsymbol{\psi}$ 的变分参数。因此，可以计算出证据下界：

$$\text{ELBO} = E_q \log p(\boldsymbol{w} \mid \boldsymbol{z}, \boldsymbol{b}, \boldsymbol{\alpha}, \boldsymbol{\beta}) + E_q \log p(\boldsymbol{z} \mid \theta) + E_q \log p(\boldsymbol{b} \mid \boldsymbol{\lambda}^{\text{lead}}, \boldsymbol{\lambda}^{\text{share}}) -$$

$$E_q \log q(\boldsymbol{z} \mid \boldsymbol{\xi}) - E_q \log q(\boldsymbol{b} \mid \boldsymbol{\psi}). \tag{4.1}$$

为了最大化 ELBO 的值，应用 EM 算法来估计变分参数 $\boldsymbol{\xi}$，$\boldsymbol{\psi}$ 和模型参数 θ，$\boldsymbol{\lambda}^{\text{lead}}$ 和 $\boldsymbol{\lambda}^{\text{share}}$。主题-词分布参数 α 和 β 认为已知。这里估计参数 α 和 β 是采用卡尔曼滤波方法，在下一节中将进行介绍。

1. E 步：给定 $(\theta, \boldsymbol{\lambda}^{\text{lead}}, \boldsymbol{\lambda}^{\text{share}}, \boldsymbol{\alpha}, \boldsymbol{\beta})$，通过最大化证据下界估计 $(\boldsymbol{\xi}, \boldsymbol{\psi})$.

（a）如果第 n 个词（i.e.，词 v）代表第 k 个共享主题，那么 $\xi_{nk} \propto \theta_k(\alpha_{t,kv})^{\psi_{nk}}$.
如果它代表第 j 个领先语料库特定主题，那么 $\xi_{nj} \propto \theta_j(\beta_{t,jv})^{\psi_{nj}}$；(4.2)

（b）如果第 k 个共享主题存活并且被第 n 个词表达（i.e.，词 v），那么

$$\psi_{nk} = \frac{\lambda_k^{\text{share}}(\alpha_{t,kv})^{\xi_{nk}}}{(1 - \lambda_k^{\text{share}}) + \lambda_k^{\text{share}}(\alpha_{t,kv})^{\xi_{nk}}};$$ (4.3)

（c）如果第 j 个领先语料库特定主题存活并且被第 n 个词表达（i.e.，词 v），那么

$$\psi_{nj} = \frac{\lambda_j^{\text{lead}}(\beta_{t,jv})^{\xi_{nj}}}{(1 - \lambda_j^{\text{lead}}) + \lambda_j^{\text{lead}}(\beta_{t,jv})^{\xi_{nj}}}.$$ (4.4)

2. M 步：给定 $(\boldsymbol{\xi}, \boldsymbol{\psi}, \boldsymbol{\alpha}, \boldsymbol{\beta})$，通过最大化证据下界估计 $(\theta, \boldsymbol{\lambda}^{\text{lead}}, \boldsymbol{\lambda}^{\text{share}})$.

（a）更新第 k 个共享主题的文档-主题分布概率 $\theta_k \propto \sum_{n=1}^{N} \xi_{nk}$ 以及第 j 个领先语料库特定主题的文档-主题分布概率 $\theta_k \propto \sum_{n=1}^{N} \xi_{nj}$； (4.5)

（b）更新第 k 个共享主题的生存概率 $\lambda_k^{\text{share}} = \sum_{n=1}^{N} \dfrac{\psi_{nk}}{N}$ 以及第 j 个领先语料库特定主题的生存概率 $\lambda_j^{\text{lead}} = \dfrac{\sum_{n=1}^{N} \psi_{nj}}{N}$. (4.6)

2. 滞后语料库的参数估计

首先，我们导出滞后语料库中第 d' 篇文档在时间 t 的对数似然函数。类似地，令 $\boldsymbol{w'} = \{w_{d'1}, \cdots, w_{d'N}\}$，$\boldsymbol{z'} = \{z_{d'1}, \cdots, z_{d'N'}\}$ 和 $\boldsymbol{b'} = \{b_{d'1}, \cdots, b_{d'N'}\}$，$\gamma = \{\gamma_{t,h} : 1 \leqslant t \leqslant T, 1 \leqslant h \leqslant H\}$ 表示所有滞后特定主题的主题词概率集，$\boldsymbol{\lambda}^{\text{lag}} = \{\lambda_1^{\text{lag}}, \cdots, \lambda_H^{\text{lag}}\}$ 表示所有滞后语料库特定主题的生存概率集。此外，$\boldsymbol{\tau} = \{\tau_1, \cdots, \tau_K\}$ 表示共享主题的一组滞后期。为了便于理解，使用 ϕ 表示第 d' 篇文档的主题比例 $\phi_{d'}$。滞后语料库中第 d' 篇文档在时刻 t 的对数似然函数可以推导如下：

$$\log p(\boldsymbol{w}' \mid \phi, \boldsymbol{\lambda}^{\mathrm{lag}}, \boldsymbol{\lambda}^{\mathrm{share}}, \boldsymbol{\gamma}, \boldsymbol{\beta}, \kappa)$$

$$= \log \iiint p(\boldsymbol{w}', \boldsymbol{z}', \boldsymbol{b}', \boldsymbol{\tau} \mid \phi, \boldsymbol{\lambda}^{\mathrm{lag}}, \boldsymbol{\lambda}^{\mathrm{share}}, \boldsymbol{\gamma}, \boldsymbol{\beta}, \kappa) \mathrm{d}\boldsymbol{z}' \mathrm{d}\boldsymbol{b}' \mathrm{d}\boldsymbol{\tau}$$

$$= \log \iiint q(\boldsymbol{z}', \boldsymbol{b}', \boldsymbol{\tau}) \frac{p(\boldsymbol{w}', \boldsymbol{z}', \boldsymbol{b}', \boldsymbol{\tau} \mid \phi, \boldsymbol{\lambda}^{\mathrm{lag}}, \boldsymbol{\lambda}^{\mathrm{share}}, \boldsymbol{\gamma}, \boldsymbol{\beta}, \kappa)}{q(\boldsymbol{z}', \boldsymbol{b}', \boldsymbol{\tau})} \mathrm{d}\boldsymbol{z}' \mathrm{d}\boldsymbol{b}' \mathrm{d}\boldsymbol{\tau}$$

$$\geqslant \iiint q(\boldsymbol{z}', \boldsymbol{b}', \boldsymbol{\tau}) \log p(\boldsymbol{w}', \boldsymbol{z}', \boldsymbol{b}', \boldsymbol{\tau} \mid \phi, \boldsymbol{\lambda}^{\mathrm{lag}}, \boldsymbol{\lambda}^{\mathrm{share}}, \boldsymbol{\gamma}, \boldsymbol{\beta}, \kappa) \mathrm{d}\boldsymbol{z}' \mathrm{d}\boldsymbol{b}' \mathrm{d}\boldsymbol{\tau} -$$

$$\iiint q(\boldsymbol{z}', \boldsymbol{b}', \boldsymbol{\tau}) \log q(\boldsymbol{z}', \boldsymbol{b}', \boldsymbol{\tau}) \mathrm{d}\boldsymbol{z}' \mathrm{d}\boldsymbol{b}' \mathrm{d}\boldsymbol{\tau}$$

$$= E_q \log p(\boldsymbol{w}', \boldsymbol{z}', \boldsymbol{b}', \boldsymbol{\tau} \mid \phi, \boldsymbol{\lambda}^{\mathrm{lag}}, \boldsymbol{\lambda}^{\mathrm{share}}, \boldsymbol{\gamma}, \boldsymbol{\beta}, \kappa) - E_q \log q(\boldsymbol{z}', \boldsymbol{b}', \boldsymbol{\tau}).$$

在平均场假设下，$q(\boldsymbol{z}', \boldsymbol{b}', \boldsymbol{\tau}) = q(\boldsymbol{z}' \mid \boldsymbol{\xi}')q(\boldsymbol{b}' \mid \boldsymbol{\psi}')q(\boldsymbol{\tau} \mid \boldsymbol{\rho})$，其中 $\boldsymbol{\xi}'$、$\boldsymbol{\psi}'$ 和 $\boldsymbol{\rho}$ 是 $\boldsymbol{z}'$、$\boldsymbol{b}'$ 和 $\boldsymbol{\tau}$ 的变分参数。那么，证据下界可以表示为：

$$\mathrm{ELBO} = E_q \log p(\boldsymbol{w}' \mid \boldsymbol{z}', \boldsymbol{b}', \boldsymbol{\tau}, \boldsymbol{\gamma}, \boldsymbol{\beta}) +$$

$$E_q \log p(\boldsymbol{z}' \mid \phi) + E_q \log p(\boldsymbol{b}' \mid \boldsymbol{\lambda}^{\mathrm{lag}}, \boldsymbol{\lambda}^{\mathrm{share}}) + E_q \log p(\boldsymbol{\tau} \mid \kappa) -$$

$$E_q \log q(\boldsymbol{z}' \mid \boldsymbol{\xi}') - E_q \log q(\boldsymbol{b}' \mid \boldsymbol{\psi}') - E_q \log q(\boldsymbol{\tau} \mid \boldsymbol{\rho}). \tag{4.7}$$

为了最大化证据下界，应用 EM 算法来估计变分参数 $(\boldsymbol{\xi}', \boldsymbol{\psi}', \boldsymbol{\rho})$ 和模型参数 $(\phi, \boldsymbol{\lambda}^{\mathrm{lag}}, \boldsymbol{\lambda}^{\mathrm{share}}, \kappa)$。

1. E 步：给定 $(\phi, \boldsymbol{\lambda}^{\mathrm{lag}}, \boldsymbol{\lambda}^{\mathrm{share}}, \boldsymbol{\gamma}, \boldsymbol{\beta}, \kappa)$，通过最大化证据下界估计 $(\boldsymbol{\xi}', \boldsymbol{\psi}', \boldsymbol{\rho})$。

（a）如果第 n 个词（i.e., 词 v）代表第 k 个共享主题，那么 $\xi'_{nk} \propto \phi_k \prod\limits_{l=1}^{L} (\alpha_{t-l,kv})^{\psi'_{nk}\rho_{kl}}$. 如果它代表第 h 个滞后特定主题，那么 $\xi'_{nh} \propto \phi_h (\gamma_{t,hv})^{\psi'_{nh}}$；

$$\tag{4.8}$$

（b）如果第 k 个共享主题存活并且被第 n 个词表达（i.e., 词 v），那么

$$\psi'_{nk} = \frac{\lambda_k^{\mathrm{share}} \prod\limits_{l=1}^{L} (\alpha_{t-l,kv})^{\xi'_{nk}\rho_{kl}}}{\left(1 - \lambda_k^{\mathrm{share}}\right) + \lambda_k^{\mathrm{share}} \prod\limits_{l=1}^{L} (\alpha_{t-l,kv})^{\xi'_{nk}\rho_{kl}}}; \tag{4.9}$$

（c）如果第 h 个滞后语料库特定主题存活并且被第 n 个词表达（i.e., 词 v），那么

$$\psi'_{nh} = \frac{\lambda_h^{\mathrm{lag}} (\gamma_{t,hv})^{\xi'_{nh}}}{\left(1 - \lambda_h^{\mathrm{lag}}\right) + \lambda_h^{\mathrm{lag}} (\gamma_{t,hv})^{\xi'_{nh}}}; \tag{4.10}$$

（d）第 k 个共享主题的滞后时长 l 通过以下公式更新：

$$\rho_{kl} \propto \kappa_l \exp\left\{ \frac{1}{D} \sum_{t=1}^{T} \sum_{d=1}^{D_{\mathrm{lag},t}} \sum_{n=1}^{N_{td}} \xi'_{nk} \psi'_{nk} \log(\alpha_{t-l,kv}) \right\}, \tag{4.11}$$

其中 $D = \sum_{t=1}^{T} \sum_{d=1}^{D_{\mathrm{lag},t}}$.

2. M 步：给定 $(\xi', \psi', \rho, \alpha, \beta)$，通过最大化证据下界更新 $(\phi, \lambda^{\mathrm{lag}}, \lambda^{\mathrm{share}}, \kappa)$。

（a）更新第 k 个共享主题的文档-主题分布概率 $\phi_k \propto \sum_{n=1}^{N_{td}} \xi'_{nk}$，更新第 h 个

滞后语料库特定主题的文档-主题分布概率 $\phi_h \propto \sum_{n=1}^{N_{td}} \xi'_{nh}$; $\tag{4.12}$

（b）更新第 k 个共享主题的生存概率 $\lambda_k^{\mathrm{share}} = \sum_{n=1}^{N_{td}} \frac{\psi'_{nk}}{N_{td}}$，以及第 h 个滞后

语料库特定主题的生存概率 $\lambda_h^{\mathrm{lag}} = \sum_{n=1}^{N_{td}} \frac{\psi'_{nh}}{N_{td}}$; $\tag{4.13}$

（c）更新滞后期长度 l 的概率 $\kappa_l \propto \sum_{k=1}^{K} \rho_{kl}$. $\tag{4.14}$

4.3.2　变分卡尔曼滤波算法

在本小节我们讨论如何估计主题-词分布概率参数 (α, β, γ)。以第 k 个共享主题为例，假设 $\alpha_{t,k}$ 和 $\alpha_{t-1,k}$ 之间的动态关系为 $\alpha_{t,k} \mid \alpha_{t-1,k} \sim N(\alpha_{t-1,k}, \sigma_k^2 I)$，然后其他主题-词分布概率参数是相似的。按照 DTM 步骤（见文献 [4]）中描述的估计方法，应用变分卡尔曼滤波方法分别估计每个主题的参数。为了便于理解，省略了下标 k，并直接使用 α_t 和 σ^2 来表示估计过程。我们假定 $\hat{\alpha}_t$ 和 $\hat{v}_t^2$ 是 α_t 和 σ^2 的变分参数，那么 $\hat{\alpha}_t$ 满足 $\hat{\alpha}_t \mid \alpha_t \sim N(\alpha_t, \hat{v}_t^2 I)$。这里的目标就是要确定变分分布 $q(\alpha_{1:T} \mid \hat{\alpha}_{1:T})$ 来逼近 $\alpha_{1:T}$ 的真实分布。为了应用标准卡尔曼滤波算法，我们首先计算前向均值 m_t 和方差 V_t：

$$m_t = E(\alpha_t \mid \hat{\alpha}_{1:t}) = \left(\frac{\hat{v}_t^2}{V_{t-1} + \sigma^2 + \hat{v}_t^2} \right) m_{t-1} + \left(1 - \frac{\hat{v}_t^2}{V_{t-1} + \sigma^2 + \hat{v}_t^2} \right) \hat{\alpha}_t,$$

$$V_t = E\left((\alpha_t - m_t)^2 \mid \hat{\alpha}_{1:t} \right) = \left(\frac{\hat{v}_t^2}{V_{t-1} + \sigma^2 \hat{v}_t^2} \right) (V_{t-1} + \sigma^2).$$

后向均值和方差同样按照类似方法计算：

$$\widetilde{m}_{t-1} = E\left(\alpha_{t-1} \mid \widehat{\alpha}_{1:T}\right) = \left(\frac{\sigma^2}{V_{t-1}+\sigma^2}\right)m_{t-1} + \left(1 - \frac{\sigma^2}{V_{t-1}+\sigma^2}\right)\widetilde{m}_t,$$

$$\widetilde{V}_{t-1} = E\left(\left(\alpha_{t-1}-\widetilde{m}_{t-1}\right)^2 \mid \widehat{\alpha}_{1:T}\right) = V_{t-1} + \left(\frac{V_{t-1}}{V_{t-1}+\sigma^2}\right)^2\left(\widetilde{V}_t - \left(V_{t-1}+\sigma^2\right)\right).$$

$t = 1, 2, \cdots, T$，其中 $\widetilde{m}_T = m_T, \widetilde{V}_T = V_T$。

注意后向均值 $\widetilde{m}_t$ 和方差 $\widetilde{V}_t$ 被视为 α_t 的均值和方差。将所有文档表示为 $\mathcal{C} = \{\mathcal{C}_{\mathrm{lead}}, \mathcal{C}_{\mathrm{lag}}\}$，然后应用 Jensen 不等式来获得 $\mathcal{C}$ 的对数似然函数的证据下界：

$$\log p\left(\mathcal{C}\right) \geqslant \int q\left(\alpha_{1:T} \mid \widehat{\alpha}_{1:T}\right)\log\left(\frac{p\left(\alpha_{1:T}\right)p\left(\mathcal{C} \mid \alpha_{1:T}\right)}{q\left(\alpha_{1:T} \mid \widehat{\alpha}_{1:T}\right)}\right)d\alpha_{1:T}$$

$$= E_q \log p\left(\alpha_{1:T}\right) + \sum_{t=1}^{T} E_q \log p\left(\mathcal{C}_t \mid \alpha_t\right) + \mathcal{H}(q).$$

通过最大化证据下界，我们可以如下估计 $\alpha_{1:T}$：

1. 计算 $\hat{\zeta}_t = \sum_w \exp\left(\widetilde{m}_{tw} + \frac{\widetilde{V}_{tw}}{2}\right)$ （4.15）

2. 计算 $\widehat{\alpha}_s$ 的一阶偏导，然后令其为 0；

$$\frac{\partial p(\widehat{\alpha}, \widehat{v})}{\partial \widehat{\alpha}_{sw}} = -\frac{1}{\sigma^2}\sum_{t=1}^{T}\left(\widetilde{m}_{tw} - \widetilde{m}_{t-1,w}\right)\left(\frac{\partial \widetilde{m}_{tw}}{\partial \widehat{\alpha}_{sw}} - \frac{\partial \widetilde{m}_{t-1,w}}{\partial \widehat{\alpha}_{sw}}\right) +$$

$$\sum_{t=1}^{T}\left(n_{tw} - n_t\widehat{\zeta}_t^{-1}\exp\left(\widetilde{m}_{tw} + \frac{\widetilde{V}_{tw}}{2}\right)\right)\frac{\partial \widetilde{m}_{tw}}{\partial \widehat{\alpha}_{sw}}, \qquad (4.16)$$

其中

$$\frac{\partial \widetilde{m}_{t-1}}{\partial \widehat{\alpha}_s} = \left(\frac{\sigma^2}{V_{t-1}+\sigma^2}\right)\frac{\partial m_{t-1}}{\partial \widehat{\alpha}_s} + \left(1 - \frac{\sigma^2}{V_{t-1}+\sigma^2}\right)\frac{\partial \widetilde{m}_t}{\partial \widehat{\alpha}_s}$$

$$\frac{\partial m_t}{\partial \widehat{\alpha}_s} = \left(\frac{\widehat{v}^2}{v_{t-1}+\sigma^2+\widehat{v}^2}\right)\frac{\partial m_{t-1}}{\partial \widehat{\alpha}_s} + \left(1 - \frac{\widehat{v}^2}{v_{t-1}+\sigma^2+\widehat{v}^2}\right)\delta_{s,t}.$$

4.3.3　推断算法

上面讨论了 SJDTM 参数估计的方法。算法 4.2 中介绍了 SJDTM 的整个模型估计过程。

算法 4.2   SJDTM 变分推断

输出： $\mathcal{C}_{\text{lead}}, \mathcal{C}_{\text{lag}}, \nu, \eta, \pi, K, J, H$ 和 L

 1: 初始化所有变分参数
 2: **while** ELBO 没有收敛 **do**
 3:     **for** t in $1, 2, \cdots, T$ **do**
 4:         **for** 领先语料库 $\mathcal{C}_{\text{lead},t}$ 中的每篇文档 d **do**
 5:             **for** 文档中的每个词 n **do**
 6:                 根据式 (4.2) 更新主题分配参数
 7:                 根据式 (4.3),(4.4) 更新主题生存指示器
 8:             **end for**
 9:             根据式 (4.5) 更新主题比例
10:             根据式 (4.6) 更新主题生存概率
11:         **end for**
12:         **for** 滞后语料库 $\mathcal{C}_{\text{lag},t}$ 中的每篇文档 d' **do**
13:             **for** 文档中的每个词 n **do**
14:                 根据式 (4.8) 更新主题分配参数，根据式 (4.9),(4.10) 更新主题生存指示器
15:                 根据式 (4.11) 更新滞后期长度
16:             **end for**
17:             根据式 (4.12),(4.13) 更新主题比例和主题生存概率
18:             根据式 (4.14) 更新滞后期长度概率
19:         **end for**
20:     **end for**
21:     **for** 共享主题 $k \in \{1, 2, \cdots, K\}$ **do**
22:         **for** 时刻 $t \in \{1, 2, \cdots, T\}$ **do**
23:             通过最大化 ELBO 计算式 (4.15) 和 (4.16)，然后用共轭梯度下降法更新 $\widehat{\alpha}_{t,k}$.
24:         **end for**
25:     **end for**
26:     与共享主题类似地更新特定于领先语料库和滞后语料库的主题
27:     根据式 (4.1) 和 (4.7) 计算 ELBO
28: **end while**

4.4 实例应用

本节将 SJDTM 应用于两个学术语料库。我们的目标是探索两个学术语料库关注主题的领先-滞后关系，反映了学术论文的知识扩散。我们首先对数据集进行

描述统计，然后给出详细的建模结果。

为了展示 SJDTM 的效果，我们选取国际人工智能和统计会议（International Conference on Artificial Intelligence and Statistics，AISTATS）和美国统计协会杂志（Journal of the American Statistical Association，JASA）上的研究论文来作为领先和滞后的语料库。AISTATS 是一个关于人工智能（Artificial Intelligence，AI）、机器学习和统计的跨学科国际会议，而 JASA 是统计领域的领先学术期刊。近几十年来，统计学的学术领域在机器学习和人工智能方面研究越来越多，因此 JASA 也发表了很多关于这些主题的论文。此外，由于会议的出版周期通常相对较短，许多前沿研究（尤其是在机器学习和人工智能方面）更有可能在会议上发表。因此，AISTATS 和 JASA 的研究主题应存在时滞。根据以上原因，我们认为在 AISTATS 上发表的论文是领先的语料库，而在 JASA 上发表的文章是滞后的语料库。

我们爬取 2011 年至 2020 年发表在 AISTATS（http://proceedings.mlr.press）和 JASA（https://www.tandfonline.com）上文章的摘要，其中 AISTATS 中有 1910 篇摘要，JASA 中有 1515 篇摘要。图 4.2 显示了 2011~2020 年在 AISTATS 和 JASA 发表的论文数量。JASA 每年发表约 150 篇论文，而 AISTATS 发表的论文数量每年都在增加。构建 SJDTM 之前，先进行一些预处理。具体来说，首先删除标点符号和数字，然后用空格将每个摘要分隔成单词并删除停用词，最后删除出现频数小于 10 个的低频词。处理后 AISTATS 语料库有 1638 个不同的单词，JASA 语料库有 1295 个不同的单词。图 4.3 展示了 AISTATS 和 JASA 摘要中每年单词数量的分布，可以看到 AISTATS 的平均单词数大于 JASA。但

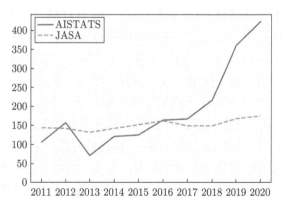

图 4.2　2011~2020 年发表在 AISTATS 和 JASA 上的文章

对于部分太短的摘要信息较少，无法表现 SJDTM 的估计效果，所以我们只保留了超过 50 个单词的摘要，最终 AISTATS 和 JASA 的平均词数分别为 92 和 119 个。

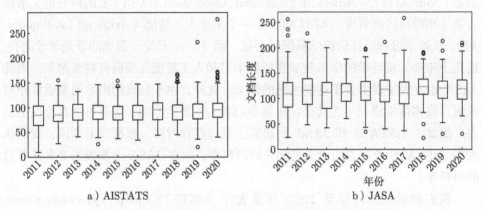

a）AISTATS b）JASA

图 4.3　AISTATS 和 JASA 每年摘要词数的箱线图

接下来研究 AISTATS 和 JASA 论文主题内容之间的关系，从而进一步探索是否存在从会议论文到统计期刊文章的知识扩散趋势。为此，将所提出的 SJDTM 应用于两个文本语料库。鉴于两个语料库中的摘要都很短（即只有大约 100 个单词），在 SJDTM 中设置主题数较少。具体来说，假设共享主题的数量 $K = 3$，领先特定主题和滞后特定主题的数量分别为 $J = H = 2$。因此，领先和落后语料库共有 5 个主题，最大滞后时间设置为 $L = 3$。为了进行对比，我们选取了三个备选模型：联合动态主题模型（JDTM）、经典动态主题模型（DTM）（见文献 [4]）和双稀疏主题模型（DSTM）（见文献 [2]）。在 JDTM 中，假设与 SJDTM 中有相同数量的共享主题、领先特定主题和滞后特定主题，并将滞后期固定设置为 $\tau = 1$。对于 DTM 和 DSTM，分别估计两个语料库，并将主题数量设置为 $K = 5$。为了比较不同模型的性能，使用一致性得分（CS）、逐点互信息（PMI）和对称 Kullback-Leibler 散度（SKL）来测试生成主题的质量。这些度量值越高，生成主题的质量越好。此外，使用困惑度（PPL）来评估文档主题表示的质量。困惑度也广泛用于主题模型（见文献 [5] 和 [6]）。困惑度越低，文档主题的表示就越好。所有指标详细定义均已在第 1.4 节中给出。表 4.2 展示了这些评价指标的详细结果。如表 4.2 所示，当使用 CS、PMI 和 SKL 进行评估时，SJDTM 表现出比其他模型更好的性能。这些结果表明，SJDTM 可以以更高的质量提取主题。然而，当通过困惑度进行评估时，SJDTM 则表现不佳。这可能是稀疏导致 SJDTM 仅使用生存主题下的单词来表示文档。尽管如此，SJDTM 的困惑程度接近 JDTM 和 DTM，并且比 DSTM 小得多。这一发现表明，SJDTM 为了提取高质量的主题，可能会稍微牺牲文档主题表示的质量。接下来看提取共享主题的质量。图 4.4 显示了 2016 年 SJDTM 估计的 3 个共享主题概率最高的单词条形图。如图所示，单词 nonconvex、local、optim、bound、parallel、restrict 在第 1 个共享主题中具有很高的概率。因此，该主题主要描述优化问题。第 2 个共享主题包含 sampl、graphic、complex、neural 作为高概率词，可以看到该主题主要与神经网络有关。第 3 个共享主题包含 cluster、kmean、random、theoret 和 gaussian，它们可以被视为与统计相关的主题。3 个共享话题的时滞周期均估计为 2。由于会议关注人工智能和统计，结果表明 AISTATS 中提取的领先语料库特定主题讨论了深度神经网络和统计学。为了说明这一观点，图 4.5 展示了 2020 年 AISTATS 的两个

表 4.2　AISTATS 和 JASA 数据集的对比结果

Measure	SJDTM	JDTM	DTM	DSTM
CS	−4918.55	−5551.00	−6202.24	−5389.34
PMI	170.84	57.49	29.02	20.73
SKL	1999.14	1077.00	653.84	1353.79
PPL	1475.73	1179.00	1215.58	8026.26

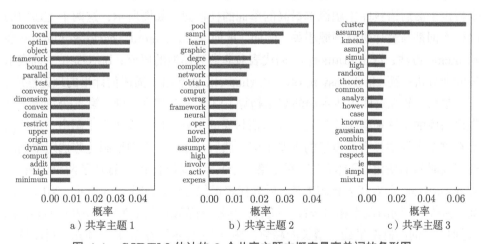

a）共享主题 1　　　　b）共享主题 2　　　　c）共享主题 3

图 4.4　SJDTM 估计的 3 个共享主题中概率最高单词的条形图

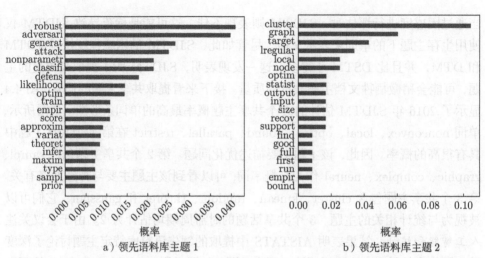

a) 领先语料库主题 1　　　　　　　　　b) 领先语料库主题 2

图 4.5　SJDTM 估计 AISTATS 中两个领先语料库特定主题中概率最高单词的柱状图

领先语料库特定主题的柱状图。如图 4.5 所示，第 1 个特定主题主要讨论深度神经网络。在本主题中，adversari 和 generat 是两个概率很高的词，代表对生成对抗网络的研究。第 2 个特定主题主要与统计和机器学习有关，其中 cluster、graph、statist 和 support（代表方法支持向量机）是概率较高的单词。

对于滞后语料库特定主题，模型从 JASA 语料库中提取，结果表明这两个特定于滞后的主题都与统计模型有关。为了说明这一观点，图 4.6 展示了 2020 年两个特定于滞后语料库主题概率最高的单词的柱状图。如图所示，这两个主题中的高概率词都与统计研究领域相关。例如，单词 mcmc、mont、carlo 和 markov 表示 mcmc 方法；nonparametr 一词代表对非参数模型的研究；bayesian 一词表示贝叶斯分析；而 effici、asympotot 和 theorem 通常用于描述估计量的理论性质。

最后，研究这些生成主题的演化趋势。以第 1 个共享主题、第 1 个特定于领先语料库的主题和第 1 个特定于滞后语料库的主题为例。在每个主题中，选择两个在这个主题中具有高概率的重要单词。然后，在图 4.7 中绘制这些选定单词的概率随时间的变化。具体而言，对于第 1 个共享主题"优化"，选择了两个词 spars 和 approxim。前者代表稀疏方法，后者代表近似方法。如图 4.7a 所示，2013 年之前"稀疏"一词的概率相对较高。随后，其概率降低到几乎为零。相反地近年来，"近似"一词的概率呈稳步增长的趋势。图 4.7b 显示了在第 1 个领先语料库特定主题中词 generat 和 adversari 概率的随时间的变化。从 2015 年开始，这两个词的概率逐渐增加。这种现象是合理的，因为生成对抗神经网络是在 2014 年提出

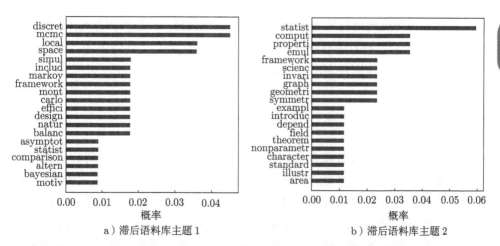

a）滞后语料库主题 1　　　　　　b）滞后语料库主题 2

图 4.6　SJDTM 估计 JASA 中两个滞后语料库特定主题中概率最高单词的柱状图

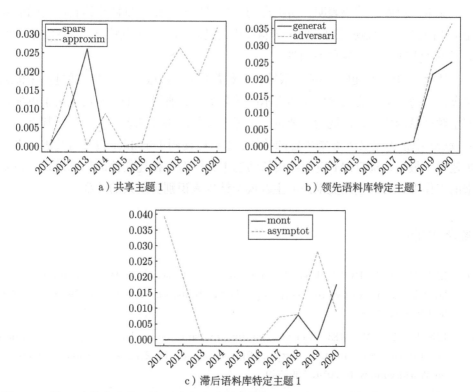

a）共享主题 1　　　　　　b）领先语料库特定主题 1

c）滞后语料库特定主题 1

图 4.7　第 1 个共享主题、第 1 个领先语料库特定主题和第 1 个滞后语料库特定主题一些
重要词概率的演化趋势

的，它已成为神经网络领域的一个重要模型，并引起了广泛的研究关注。图 4.7c 显示了第 1 个滞后特定主题中词 "mont" 和 "asymptot"（代表单词 "渐近"）的概率演变。这两个单词自 2016 年以来都呈现增长趋势。

4.5 讨论

本章介绍了动态稀疏联合主题模型来表示两个文本语料库之间的主题领先-滞后关系。假设有 3 种类型的主题：共享主题、领先语料库特定主题和滞后语料库特定主题，并且领先-滞后关系由两个语料库之间的共享主题连接。具体来说，假设每个共享主题都有自身的时滞顺序，可以使用 Dirichlet 过程进一步建模。模型允许所有主题在不同时刻出生和死亡。只有当 1 个主题在当前时间片中存在时，它才能由语料库表示。我们将所提出的模型应用于由会议论文和期刊论文组成的两个文本语料库。结果表明，所提出的模型可以有效地识别两个语料库之间的领先-滞后关系，并且还发现了两个语料库中的特定和共享主题特点。这些结果也验证了 SJDTM 模型设定的有效性。

然而，SJDTM 也有一些局限性，未来需要进一步改进。首先，通过使用稀疏假设，提高了主题的质量但文档表示的质量更低，所以 SJDTM 可应用于更加强调主题质量的情况，但同时需要进一步考虑如何改进文档表示的质量。其次，在 SJDTM 中预先定义了 3 类主题的数量，也可以使用 Dirichlet 过程对其进行进一步建模。最后，SJDTM 应用经典的动态主题模型来描述文档的动态模式。在未来的工作中，可以应用更动态的主题模型结构来识别更复杂的关系。

参考文献

[1] ZHU Y, LU X, HONG J, et al. Jointly dynamic topic model for recognition of lead-lag relationship in two text corpora[J]. Data Mining and Knowledge Discovery, 2022, 36(6): 2272-2298.

[2] LIN T, TIAN W, MEI Q, et al. The dual-sparse topic model: mining focused topics and focused terms in short text[C]//Proceedings of the 23rd international conference on World wide web. 2014: 539-549.

[3] CHIEN J T, CHANG Y L. Bayesian sparse topic model[J]. Journal of Signal Processing Systems, 2014, 74: 375-389.

[4]　BLEI D M, LAFFERTY J D. Dynamic topic models[C]//Proceedings of the 23rd international conference on Machinc learning. 2006: 113-120.

[5]　BLEI D M, NG A Y. JORDAN M I. Latent dirichlet allocation[J]. Journal of machine Learning research, 2003, 3(Jan): 993-1002.

[6]　YANG Y, WANG F, ZHANG J, et al. A topic model for co-occurring normal documents and short texts[J]. World Wide Web, 2018, 21: 487-513.

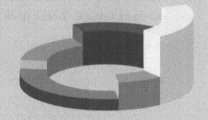

第 5 章

混合贝叶斯变点检测模型

5.1 基本概念与符号

随着互联网技术的快速发展，各个领域的文本文档都在不断积累，例如电子邮件、新闻文章和消费者评论等。面对海量的文本数据，个人难以跟踪所有相关的关键点或主题的变化，以发现新兴趋势。因此，自动文本摘要和变点检测方法受到了广泛关注，以方便用户快速掌握文本流中事件变化。本章介绍一个主题变点检测模型（Topic Change Point Detection，Model），称之为 Topic-CD 模型。

动态文本文档，包括新闻文章、用户评论和博客等，在许多应用领域都很常见。文本流中的主题也会随着时间而变化。为了在日益积累的文本文档中掌握主题变化，需要开发自动文本分析模型来发现主题的变化。为此，提出了主题变点检测（Topic-CD）模型。从与主题词分布相关的超参数的角度来定义主题的变点，这允许模型检测整个主题集下的变点。在这个定义下，可以将主题建模和变点检测结合在一个统一的框架中，然后使用马尔可夫链蒙特卡罗算法（Markov Chain Monte Carlo，MCMC）求解。Topic-CD 模型的优点之一是无需预先设置变化点的个数，在实际使用中更加方便。

首先，在这个模型中，从与主题词分布相关的超参数的角度定义主题的变点。该定义可以检测整个主题集中的变点，因为超参数可以影响所有主题的含义。在这个定义下，当超参数发生变化时，所有主题的含义都会发生变化。只有主题含义发生了显著变化（由超参数衡量），才能检测到变点。

其次，为了对超参数的变化进行建模，假设它们遵循 DPHMM 模型（见文献 [3]）。DPHMM 模型的使用避免了预先指定超参数中变点的个数。

给定超参数，每个时间戳的文档都通过 LDA 建模，以将文本建模和变点检测结合在一个统一的框架中，然后同时进行。使用 MCMC 算法进行模型的估计求解。

DPHMM 模型中用到的所有符号及其含义见表 5.1。

表 5.1 DPHMM 模型中所用到的符号及其含义

符号	含义	符号	含义
t	时刻	D_t	t 时刻文档数
D	文档总数	K	文档的主题数
$\boldsymbol{\theta}_{td}$	主题概率向量	ϕ_{tk}	词概率向量
β_t	t 时刻的狄利克雷超参	Q	变点个数
s_t	t 时刻的状态变量	n_{ii}	自转移次数
λ	同一区间先验超参	ζ	新区间先验超参

5.2 混合贝叶斯变点检测模型

假设在第 t 时刻有 D_t 个文档，且 $1 \leqslant t \leqslant T$。因此，文档总数为 $D = \sum_{t=1}^{T} D_t$。进一步假设所有 D 个文档都有 K 个主题。然后，对于第 t 时刻的第 d 篇文档 ($1 \leqslant d \leqslant D_t$)，假设它在 K 个主题上有一个主题概率向量 $\boldsymbol{\theta}_{td} = (\theta_{td,1}, \cdots, \theta_{td,K})^{\mathrm{T}}$。尽管主题的数量不随时间发生变化，但主题的含义可能会随着时间而变化。主题含义的变化将直接反映在主题词的概率分布上。在第 t 时刻，假设第 k 个主题在整个字典 V 上有一个词概率分布向量 $\boldsymbol{\phi}_{tk} = (\phi_{tk,1}, \cdots, \phi_{tk,V})^{\mathrm{T}}$。过去的研究通常关注每个主题的变点（见文献 [1,6]），具体来说，对于第 k 个主题，他们假设变点发生意味着主题词分布发生了变化，即 $\boldsymbol{\phi}_{t+1k}$ 与 $\boldsymbol{\phi}_{tk}$ 相比有明显的变化。

不同于以往的研究，Topic-CD 从所有主题的角度来研究变点。为此，我们在控制主题词分布的超参数上定义了变点，即 $\boldsymbol{\phi}_{tk}$。具体来说，在 t 时刻，假设 $\boldsymbol{\phi}_{tk}$ 服从超参数是 β_t 的狄利克雷分布。在时间序列 $\{\beta_t : 1 \leqslant t \leqslant T\}$ 中，假设有 Q 个变点，发生在时刻 $\tau_1, \cdots, \tau_Q$。一个变点的出现意味着 β_t 的值在这一刻发生了变化，即对于 $1 \leqslant q \leqslant Q$，$\beta_{\tau_q} \neq \beta_{\tau_q - 1}$。值得注意的是，$Q$ 个变点可以将 T 个时刻拆分为 $P = Q + 1$ 个区间。为了进一步表示每个时刻所属的分区，对于 t 时刻 $1 \leqslant t \leqslant T$，引入状态变量 $s_t \in \{1, \cdots, P\}$。在变点的假设下，可以简化主题词分布及其相应超参数的符号。假设 $\boldsymbol{\beta} = (\beta_1, \cdots, \beta_P)$ 是每个区间的超参数。在第 i 个区间中，$1 \leqslant i \leqslant P$，假设主题含义是相同的。因此，在第 i 个区间中，第 k 个主题有词概率向量 $\boldsymbol{\phi}_{ik} = (\phi_{ik,1}, \cdots, \phi_{ik,V})^{\mathrm{T}}$，$\boldsymbol{\phi}_{ik}$ 服从超参数为 β_i 的狄利克雷分布。在主题-词分布 $\boldsymbol{\phi}_{ik}$ 固定后，第 i 个区间中文档的生成过程与经典 LDA 类似。

接下来，我们讨论状态变量 s_t 的设置。状态变量 $s_t(t = 1, \cdots, T)$ 可以确定变点的数量和位置。如果 $s_t \neq s_{t+1}$，则在时刻 $t+1$ 存在变点。因此，变点检测的任务转化为准确估计状态变量。为了对状态变量建模，假设 $s_1, \cdots, s_T$ 遵循（见文献 [3]）。DPHMM 假定所有状态变量都遵循马尔可夫过程，s_t 仅取决于前一时刻的状态（即 s_{t-1}），与过去的其他状态无关。在 DPHMM 中，给定所有先前的状态变量，s_{t+1} 的条件分布为：

$$p(s_{t+1} = j | s_t = i, s_1, \cdots, s_{t-1}) = \begin{cases} \dfrac{n_{ii} + \lambda}{n_{ii} + \zeta + \lambda}, & j = i, \\[4mm] \dfrac{\zeta}{n_{ii} + \zeta + \lambda}, & j \text{ 是一个新的分区,} \end{cases} \tag{5.1}$$

其中，$n_{ii} = \sum\limits_{t'=1}^{t-2} \delta(s_{t'}, i)\delta(s_{t'+1}, i)$，以及 $\delta(a, b) = \begin{cases} 1, & a = b \\ 0, & a \neq b \end{cases}$。这里，$n_{ii}$ 表示自转移次数，λ 和 ζ 都是超参数，其中 λ 控制属于同一区间的先验倾向，ζ 控制探索新区间的倾向。为方便起见，假设 $\eta = (\lambda, \zeta)$。通过引入狄利克雷过程，DPHMM 可以在参数估计过程中同时确定变点的数量，而无需事先指定。即在生成状态变量后，区间数（即 P）为状态变量唯一确定，变点的数量也由此确定。

接下来，我们介绍 Topic-CD 模型的生成过程。

1. 从 DPHMM（η）生成所有状态变量 $s_1, \cdots, s_T$。给定 s_t，变点的数量 Q 及其对应位置 $\tau_1, \cdots, \tau_Q$ 被确定。

2. 对于第 i 个区间（$i = 1, \cdots, Q+1$），文档的生成过程如下：

（a）从均匀分布 $\beta_i \sim U(b_0, b_1)$ 生成 β_i；

（b）生成主题概率 ϕ_{ik}（$k = 1, \cdots, K$），它独立于狄利克雷分布：$\phi_{ik} \sim \text{Dir}(\beta_i, \cdots, \beta_i)$。

（c）每个文档 d 在时刻 $t(t = \tau_{i-1}+1, \cdots, \tau_i)$ 对应区间中的生成步骤如下：

 i. 从具有超参数 $(\alpha_1, \cdots, \alpha_K)$ 的狄利克雷分布 $\boldsymbol{\theta}_{td} \sim \text{Dir}(\alpha_1, \cdots, \alpha_K)$ 中生成 $\boldsymbol{\theta}_{td}$。

 ii. 文档 d（$n = 1, \cdots, N_{td}$）中的每个单词 n 的生成过程如下：

  A. 从概率为 $\boldsymbol{\theta}_{td}$ 的多项分布中抽取主题 z_{tdn}：$z_{tdn} \sim \text{Mult}(\boldsymbol{\theta}_{td})$。

  B. 从概率为 $\phi_{i,z_{tdn}}$ 的多项分布中抽取一个词 w_{tdn}：$w_{tdn} \sim \text{Mult}(\phi_{i,z_{tdn}})$。

与标准 LDA 模型不同，此处不使用对称狄利克雷分布 $\boldsymbol{\theta}_{td}$，而是使用超参数为 $\boldsymbol{\alpha} = (\alpha_1, \cdots, \alpha_K)^{\text{T}}$ 的非对称狄利克雷分布。使用向量 $\boldsymbol{\alpha}$ 可以显着提高 LDA 的性能，也有各种工作研究如何估计超参数 $\boldsymbol{\alpha}$，例如文献 [2,5]。因此在实际应用中，超参数 $\boldsymbol{\alpha}$ 也可以与 Topic-CD 模型一起估计。为了进一步说明 Topic-CD 模型，在图 5.1中展示了模型的生成过程。给定 Topic-CD 模型的生成过程，我们可以推导出所有变量的完整后验分布，然后使用 MCMC 方法对模型进行估计。将在下一节中详细介绍模型估计细节。

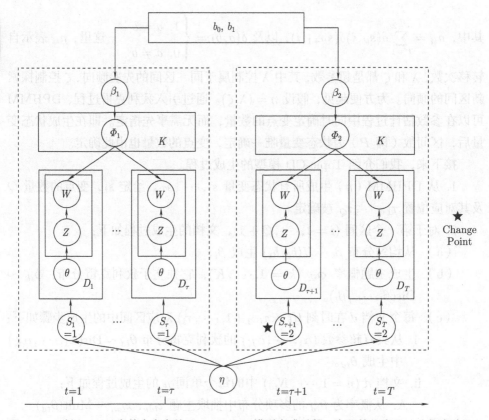

图 5.1 时刻 $\tau+1$ 为单个变点的 Topic-CD 模型生成过程。为了简化表示，我们省略了 θ 的超参数 α。超参数 η 可以利用 MAP 的方法进行估计

5.3 参数推断方法

应用 MCMC 方法进行参数估计。令 $\boldsymbol{S} = (s_1, \cdots, s_T)^{\mathrm{T}}$，$\boldsymbol{\beta} = (\beta_1, \cdots, \beta_P)^{\mathrm{T}}$，$\boldsymbol{\alpha} = (\alpha_1, \cdots, \alpha_K)^{\mathrm{T}}$，$\boldsymbol{z} = \{z_{tdn} : 1 \leqslant n \leqslant N_{td}, 1 \leqslant d \leqslant D_t, 1 \leqslant t \leqslant T\}$，$\boldsymbol{w} = \{w_{tdn} : 1 \leqslant n \leqslant N_{td}, 1 \leqslant d \leqslant D_t, 1 \leqslant t \leqslant T\}$，$\boldsymbol{\Theta} = \{\boldsymbol{\theta}_{td} : 1 \leqslant d \leqslant D_t, 1 \leqslant t \leqslant T\}$，以及 $\boldsymbol{\Phi} = \{\phi_{ik} : 1 \leqslant i \leqslant P, 1 \leqslant k \leqslant K\}$。为简单起见，我们首先讨论固定 η 的模型估计，随后再讨论如何在实际应用中估计超参数 η。

在 η 固定的情况下，根据 Topic-CD 模型的生成过程，可以推得 $(\boldsymbol{S}, \boldsymbol{\beta}, \boldsymbol{\Theta}, \boldsymbol{\Phi}, \boldsymbol{z})$ 的后验分布：

$$f\left(\boldsymbol{S}, \boldsymbol{\beta}, \boldsymbol{\Theta}, \boldsymbol{\Phi}, \boldsymbol{z} | \boldsymbol{w}, \boldsymbol{\alpha}, b_0, b_1, \eta\right)$$

$$\propto f\left(\boldsymbol{S} | \eta\right)\left(\boldsymbol{\beta} | \boldsymbol{S}, b_0, b_1\right) f\left(\boldsymbol{\Theta} | \boldsymbol{\alpha}\right) f\left(\boldsymbol{\Phi} | \boldsymbol{\beta}\right) f\left(\boldsymbol{w}, \boldsymbol{z} | \boldsymbol{\Theta}, \boldsymbol{\Phi}\right). \tag{5.2}$$

鉴于狄利克雷先验与多项分布是共轭的，首先从后验分布中积分得到 $\boldsymbol{\Phi}$ 和 $\boldsymbol{\Theta}$：

$$f\left(\boldsymbol{w}, \boldsymbol{z} | \boldsymbol{\Theta}, \boldsymbol{\Phi}\right) = f\left(\boldsymbol{z} | \boldsymbol{\Theta}\right) f\left(\boldsymbol{w} | \boldsymbol{z}, \boldsymbol{\Phi}\right)$$

$$= \left\{ \int f(\boldsymbol{z} | \boldsymbol{\Theta}) f(\boldsymbol{\Theta} | \boldsymbol{\alpha}) \mathrm{d}\boldsymbol{\Theta} \right\} \left\{ \int f(\boldsymbol{w} | \boldsymbol{z}, \boldsymbol{\Phi}) f(\boldsymbol{\Phi} | \boldsymbol{\beta}) \mathrm{d}\boldsymbol{\Phi} \right\}$$

$$= \left\{ \prod_{t=1}^{T} \prod_{d=1}^{D_t} \int f(\boldsymbol{z}_{td} | \boldsymbol{\theta}_{td}) f(\boldsymbol{\theta}_{td} | \boldsymbol{\alpha}) \mathrm{d}(\boldsymbol{\theta}_{td}) \right\} \left\{ \prod_{i=1}^{P} \prod_{k=1}^{K} \int f(\boldsymbol{w} | \boldsymbol{\phi}_{ik}) f(\boldsymbol{\phi}_{ik} | \beta_i) \mathrm{d}(\boldsymbol{\phi}_{ik}) \right\}$$

$$= \left\{ \prod_{t=1}^{T} \prod_{d=1}^{D_t} \frac{\Delta(\overrightarrow{n_{td}}^{(1)} + \overrightarrow{\alpha})}{\Delta(\overrightarrow{\alpha})} \right\} \left\{ \prod_{i=1}^{P} \prod_{k=1}^{K} \frac{\Delta(\overrightarrow{n_{ik}}^{(2)} + \overrightarrow{\beta_i})}{\Delta(\overrightarrow{\beta_i})} \right\}. \tag{5.3}$$

其中 $\overrightarrow{n_{td}}^{(1)} = (n_{td1}^{(1)}, \cdots, n_{tdK}^{(1)})^{\mathrm{T}}$，$n_{tdk}^{(1)}$ 表示 t 时刻文档 d 中与主题 k 相关的词数。$\overrightarrow{n_{ik}}^{(2)} = (n_{ik1}^{(2)}, \cdots, n_{ikV}^{(2)})^{\mathrm{T}}$，其中 $n_{ikv}^{(2)}$ 表示主题 k 的词语 v 在区间 i 中出现的次数。$\overrightarrow{\alpha} = \boldsymbol{\alpha} = (\alpha_1, \cdots, \alpha_K)^{\mathrm{T}}$ 是 $\boldsymbol{\theta}_{td}$ 的超参向量。$\overrightarrow{\beta_i} = (\beta_i, \cdots, \beta_i)^{\mathrm{T}}$ 是 β_i 的超参向量。$\Delta(\overrightarrow{\alpha}) = \dfrac{\prod\limits_{k=1}^{K} \Gamma(\alpha_k)}{\Gamma(\sum\limits_{k=1}^{K} \alpha_k)}$ 以及 $\Delta(\overrightarrow{n_{td}}^{(1)} + \overrightarrow{\alpha})$，$\Delta(\overrightarrow{\beta_i})$，$\Delta(\overrightarrow{n_{ik}}^{(2)} + \overrightarrow{\beta_i})$ 的含义与上述符号类似。给定式(5.3)，后验分布可化为 $f\left(\boldsymbol{S}, \boldsymbol{\beta}, \boldsymbol{z} | \boldsymbol{w}, \boldsymbol{\alpha}, b_0, b_1, \eta\right)$，MCMC 方法可以用于参数估计。

接下来，给出详细推导全条件分布以及 $\boldsymbol{S}$，$\boldsymbol{\beta}$ 以及 $\boldsymbol{z}$ 的更新策略。

（1）更新 $\boldsymbol{S}$。

$s_t(t = 1, \cdots, T)$ 的全条件概率分布为：

$$f(s_t | \boldsymbol{S}_{t-1}, \boldsymbol{S}_{t+1}, \boldsymbol{\beta}, \boldsymbol{z}, \boldsymbol{w}, \eta)$$

$$\propto f(s_t | s_{t-1}, \boldsymbol{S}_{t-2}, \eta) f(s_{t+1} | s_t, \boldsymbol{S}_{t+2}, \eta) f(\boldsymbol{w}_t | \boldsymbol{z}_t, \beta_{s_t}), \tag{5.4}$$

其中 $\boldsymbol{S}_{t-1} = (s_1, \cdots, s_{t-1})^{\mathrm{T}}$，$\boldsymbol{S}_{t+1} = (s_{t+1}, \cdots, s_n)^{\mathrm{T}}$，以及 $\boldsymbol{w}_t$ 和 $\boldsymbol{z}_t$ 表示 t 时刻所有词语和主题的示性表示。

因为假设状态变量 $\boldsymbol{S}$ 遵循 DPHMM 模型，所以只有当 $s_{t-1} \neq s_{t+1}$ 时，可以判断出一个变点。也就是说，不允许连续变化。当 $s_{t-1} = i$ 以及 $s_{t+1} = i + 1$，

s_t 值可以是 i 或 $i+1$。根据式(5.1)得到的状态变量的条件分布，可以得到 $s_t = i$，$f(s_t|s_{t-1}, \boldsymbol{S}_{t-2}, \eta) = \dfrac{n_{ii}+\lambda}{n_{ii}+\zeta+\lambda}$ 以及 $f(s_{t+1}|s_t, \boldsymbol{S}_{t+2}, \eta) = \dfrac{\zeta}{n_{ii}+1+\zeta+\lambda}$ 以及

当 $s_t = i+1$，$f(s_t|s_{t-1}, \boldsymbol{S}_{t-2}, \eta) = \dfrac{\zeta}{n_{ii}+\zeta+\lambda}$，$f(s_{t+1}|s_t, \boldsymbol{S}_{t+2}, \eta) = $

$\dfrac{n_{i+1,i+1}+\lambda}{n_{i+1,i+1}+\zeta+\lambda}$。

接下来，推导第 1 个状态 s_1 和最后 1 个状态 s_T 的全条件分布，它们在式(5.5)和式(5.6)中分别给出。

$$f(s_1|s_2,\cdots,s_T,\eta) = \begin{cases} c \cdot \dfrac{\lambda}{\zeta+\lambda} \cdot \dfrac{\zeta}{\zeta+\lambda} \cdot f(\boldsymbol{w}_1|\boldsymbol{z}_1, \beta_{s_1}), & s_2 \text{ 变化}, \\[3mm] c \cdot \dfrac{\zeta}{\zeta+\lambda} \cdot \dfrac{n_{s_2 s_2}+\lambda}{n_{s_2 s_2}+\zeta+\lambda} \cdot f(\boldsymbol{w}_1|\boldsymbol{z}_1, \beta_{s_2}), & s_2 = s_1, \end{cases}$$

$$(5.5)$$

$$f(s_T|s_{T-1},\cdots,s_1,\eta) = \begin{cases} c \cdot \dfrac{n_{s_{n-1} s_{n-1}}+\lambda}{n_{s_{n-1} s_{n-1}}+\zeta+\lambda} \cdot f(\boldsymbol{w}_T|\boldsymbol{z}_T, \beta_{s_{T-1}}), & s_T = s_{T-1}, \\[3mm] c \cdot \dfrac{\zeta}{n_{s_{n-1} s_{n-1}}+\zeta+\lambda} \cdot f(\boldsymbol{w}_T|\boldsymbol{z}_T, \beta_{s_T}), & s_T \text{ 变化}, \end{cases}$$

$$(5.6)$$

其中 $n_{s_2 s_2} = \sum\limits_{t'=2}^{T-1} \delta(s_{t'}, s_2)\delta(s_{t'+1}, s_2)$ 以及 $n_{s_{n-1} s_{n-1}} = \sum\limits_{t'=1}^{T-1} \delta(s_{t'}, s_{T-1}) \times \delta(s_{t'+1}, s_{T-1})$。$c_1$ 和 c_2 是一些归一化常数。值得注意的是，在更新所有状态变量 $\boldsymbol{S}$ 之后，即确定了变点的数量及其对应的位置。

（2）更新 $\boldsymbol{\beta}$。

$\beta_i(i=1,\cdots,P)$ 的全条件概率分布如下：

$$f(\beta_i|\boldsymbol{w}, \boldsymbol{S}, \boldsymbol{z}, \boldsymbol{\beta}_{-i}) \propto f(\boldsymbol{w}_i|\boldsymbol{z}_i, \beta_i)f(\beta_i|b_0, b_1)$$

$$\propto f(\boldsymbol{w}_i|\boldsymbol{z}_i, \beta_i) \propto \prod_{k=1}^{K} \frac{\Delta(\overrightarrow{n_{ik}^{(2)}} + \overrightarrow{\beta_i})}{\Delta(\overrightarrow{\beta_i})}, \tag{5.7}$$

其中 $\boldsymbol{\beta}_{-i}$ 是不包含 β_i 的 $\boldsymbol{\beta}$。因为很难从 β_i 的全条件分布中采样，所以使用 Metropolis-Hastings 算法。β_i 所使用的分布为均匀分布 $U(\beta_i - \epsilon, \beta_i + \epsilon)$，其中 ϵ 是一个可调整参数，可以帮助实现合理的转移接受率。

（3）更新 z。

z_{tdn} 的全条件概率分布如下：

$$f(z_{tdn} = k|\boldsymbol{S}, \boldsymbol{w}, \boldsymbol{\beta}, \boldsymbol{z}_{-tdn}) = \frac{f(\boldsymbol{S}, \boldsymbol{w}, \boldsymbol{\beta}, \boldsymbol{z})}{f(\boldsymbol{S}, \boldsymbol{w}, \boldsymbol{\beta}, \boldsymbol{z}_{-tdn})}$$

$$= \frac{(n_{tdk,-tdn}^{(1)} + \alpha_k)}{\sum\limits_k n_{tdk,-tdn}^{(1)} + \alpha_k} \times \frac{(n_{s_t kv}^{(2)} - 1) + \beta_{s_t}}{\sum\limits_v (n_{s_t kv,-tdn}^{(2)} - 1) + \beta_{s_t}}, \tag{5.8}$$

其中 $\boldsymbol{z}_{-tdn}$ 是 $\boldsymbol{z}$ 不包含 $\boldsymbol{z}_{tdn}$ 的部分，$n_{tdk,-tdn}^{(1)}$ 代表在时刻 t 文档 d 属于主题 k 的单词数（不包括 w_{tdn}），v 代表单词 w_{tdn} 在词汇表中的顺序，$n_{s_t kv}^{(2)}$ 代表单词 v 在区间 s_t 中属于主题 k 的次数。概率分布 z_{tdn} 有较为直观的理解和解释，左边的项代表时刻 t 文档 d 中主题 k 的抽样概率，右边的项代表在区间 s_t 主题 k 中单词 v 的抽样概率。

给定上述全条件分布，设计一个带有嵌入式 Metropolis-Hastings 步骤的 Gibbs 采样算法来进行模型估计，其中参数 $\boldsymbol{S}$、$\boldsymbol{\beta}$ 以及 $\boldsymbol{z}$ 依次进行更新。

在上述 MCMC 估计中，假设超参数 η 是固定的，而在实际数据分析中应该预先设定。正如文献 [3] 所指出的，η 的值（即 λ 和 ζ）会影响变点的数目。因此，在实际应用中，需要对 λ 和 ζ 的取值进行合适的估计。为了解决这个问题，我们遵循文献 [3] 的方法来估计 λ 和 ζ。具体来说，首先假设 λ 和 ζ 的伽马先验。然后，将 DPHMM 先验简化为广义狄利克雷分布，从而构建后验分布。最后，通过使用 Newton-Raphson 方法求解后验分布，可以获得 λ 和 ζ 的最大后验（MAP）估计。除了 MAP 方法，还可以应用 Metropolis-Hastings 采样进行估计。

5.4　实例应用

5.4.1　亚马逊评论数据集

该数据集是公开的亚马逊手机评论，可在 http://jmcauley.ucsd.edu/data/amazon/links.html 下载。该数据集包含 194000 条手机评论，发布时间为 2007 年 4 月至 2014 年 7 月。每条评论包含发布时间、评分（五分制 1 分为最低分，5 分为最高分）、手机评分以及完整的评论文本内容。经过初步分析，发现较早时间的评论数量很少。因此，只考虑了最新 3 年的评论，即从 2011 年 8 月到 2014 年 7 月。

88

对数据集进行以下预处理。首先，按照文本挖掘中的常用做法，使用 Python 中的 *nltk* 模块来删除标点符号、数字和停用词。随后，我们删除出现次数少于 5 次的低频词。值得注意的是，文档长度的大幅度变化可能会影响模型的性能。期刊数据集中的摘要和联合国辩论数据集中的观点陈述均长度相似，但亚马逊数据集中的评论长度相差较大。因此，为了保持评论长度在合理范围内，我们删除了最长的前 20% 评论和长度少于 20 个词的评论。经过预处理后，最终亚马逊数据集包含 19 247 条评论，共 20 832 个不同单词，

应用 Topic-CD 模型来检测所有手机评论中主题之间的变点。用户生成的评论数据描述了消费者对手机商品和购买服务的真实感受，因此在评论中检测到的变点反映了 2011 年至 2014 年消费者偏好的变化。这些变点的识别对于手机制造商和亚马逊平台来说都是至关重要的，可以了解到消费者的偏好以设计更好的产品和服务。

以每月为单位来整理数据集，总共有 36 个月。图 5.2a 显示从 2011 年 8 月到 2012 年 12 月每个月的评论数量，可以看到呈明显的上升趋势。为了估计 Topic-CD 模型，我们将主题数设置为 $K = 10$，超参数 $\boldsymbol{\alpha} = (0.1, \cdots, 0.1)$，$b_0 = 0.01$ 以及 $b_1 = 0.1$。超参数 λ 和 ζ 使用上节中描述的 MAP 方法进行估计。Topic-CD 模型在 $t = 16$ 时刻（即 2012 年 12 月）检测到一个变点，这大约是评论数量最多的时刻。图 5.2b 展示了 β 随月份变化的情况，在变点之前，估计得到的 β 为 0.042，而在变点之后，估计得到的 β 增加到 0.054。变点后的 β 值越大，表示主题越多样化。一方面，变点之后的文档数量和词汇量都比变点之前要大。另一方

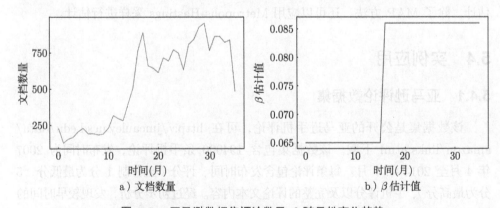

a）文档数量   b）β 估计值

图 5.2   亚马逊数据集评论数及 β 随月份变化趋势

面，变点之后的评论主题变得更加丰富。

　　接下来研究变点前后的单词使用情况。在变点之后，总共有 3897 个新出现的单词，称之为新出现词汇。图 5.3a 展示了新出现词汇表中频率最高的 15 个单词。如图所示，高频词包括移动电源 powerpak，以及移动电源和手机配件制造商 oxa、bolse、tylt 和 maxboost。因此，变点之后，充电宝成为手机配件的新领域。相反，变点之后不再出现的词有 334 个，称之为消失词汇。图 5.3b 展示了消失词汇中频率最高的前 15 个单词。大多数高频词，如 liveaction、easygo 和 dvp 都代表不再需要的手机移动配件。

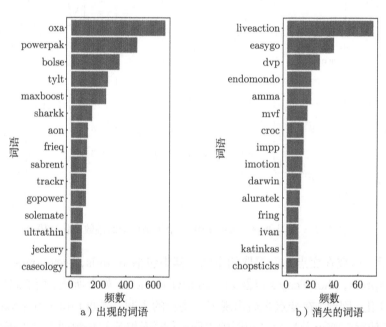

图 5.3　亚马逊评论数据变点前后新出现词汇以及消失词汇中的高频词语

　　为了更清楚地展示词频的变化趋势，以 6 个词（即 Samsung、Galaxy、Power、Droid、Evo 和 Motorola）为例，展示它们的词频变化趋势。图 5.4展示了相应的结果。可以看出，Samsung，Galaxy 以及 Power 等词的出现次数在变点之后呈上升趋势。这是因为，手机品牌三星的明星产品——Galaxy 系列在变点之后变得更加出名。此外，手机的电量也越来越受到重视。例如变点之后的典型评论包括："This charger woks wonderfully on the Samsung Galaxy S4"、"They both have Samsung Galaxy phones" 和 "battery of my Samsung Galaxy S2"。相反的，

Droid、Evo 以及 Motorola 等词在变点之后出现次数呈下降趋势。以 Motorola 为例，出现次数的减少说明了这个手机品牌的没落。典型评论示例示例包括 "The Motorola T505 doesn't come with an AC charger"，以及 "Motorola only includes a car charger"。

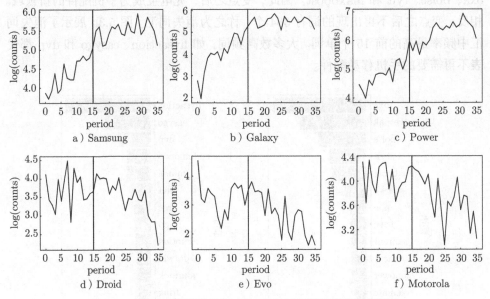

图 5.4　亚马逊评论数据集中 6 个示例单词的频数变化趋势

最后，研究在变点前后提取的主题。其中包括 brands, earphones, battery, USB adapters, phone cases 以及 automotive devices。如上所述，变点之后的主题更加多样化。因此，在变点之后出现了一些新的主题，例如 tablet 和 power bank。此外，即使对于变点前后含义相同的主题，主题下相关的高频词也发生了变化。表 5.2给出了在变点前后提取的一些主题示例。如表 5.2所示，变点前后的主题 1 和主题 2 均与手机品牌相关。但是，变点之前的高频词包括 blackberry 和 motorola，而变点之后的高频词包括 samsung 和 galaxy。对于主题 3，根据每个主题下的高频词，可以发现其含义从 handset 变为 power, bank。

5.4.2　期刊数据集

该数据集为发表在两个顶级统计期刊上的论文：*Journal of the Royal Statistical Society: Series B* 以及 *Biometrics*，这两个期刊是统计学和生物统计学领域的代表性期刊。爬取 2000~2019 年在这两个期刊发表的论文信息，包括每篇论文的标题、作者、发表时间、摘要和关键词。使用论文摘要作为文本语料库。采用与前述数据集相似的预处理操作，最终期刊数据集包含 3188 个摘要，4554 个不同的单词。

表 5.2　亚马逊评论数据集变点前后主题高频词示例

时段	主题	高频词
Aug.2011 – Oct.2012	1	**blackberry**, like, bold, screen, device, stylus, keyboard, camera, rim, $\cdots$
	2	**virgin**, **motorola**, device, great, price, mobile, optimus, service, $\cdots$
	3	**handset**, iphone, device, base, cell, like, design, hold, hand, button, $\cdots$
Nov.2012 – Jul.2014	1	**galaxy**, **samsung**, screen, battery, android, camera, card, apps, storage$\cdots$
	2	**samsung**, quality, **galaxy**, price, black, good, design, box, packaging, cover, packaging, $\cdots$
	3	**power**, battery, charge, mah, **bank**, usb, capacity, led, charger, cable, pack, small, external,$\cdots$

发表在统计学顶级期刊上的论文代表学科中的前沿研究主题。因此，检测论文中的变点可以反映统计学学科的发展和变化趋势。为此，将 Topic-CD 模型应用于期刊数据集。以年为单位组织期刊数据集，该数据集中有 20 年的跨度。各年度文章数量如图 5.5a 所示，呈现出相对稳定的趋势。将主题数设置为 $K = 15$，其他超参数和亚马逊数据集相同。Topic-CD 模型在 $t = 3$（2003 年）和 $t = 8$（2008 年）分别检测出变点。β 随时间变化的趋势如图 5.5b 所示，具体来看，每个检测到的变点前后的 β 分别为 0.065、0.086 和 0.099。正如之前提到的，更大的 β 值意味着更多样化的主题。因此，随着时间的推移，统计论文中的主题也变得更加多样化。

为了说明每个变点前后的内容变化，首先研究由两个变化点划分的 3 个分区中的高频词。图 5.6呈现了 2000~2002 年、2003~2007 年和 2008~2019 年频率最高的前 15 个词。可以看出，3 个时间段都有一些共同的词，例如 estimating，sample 和 simulation。这些词反映了统计研究人员一直重视的主题。此外，我们还发现 3 个时期的热门词发生了很大变化。例如，2000~2002 年期间有 tests， error 以及 linear，这些是统计学中的一些问题。2003~2007 年，研究者开始讨论 selection 以及 longitudinal。在 2008~2019 年，排名靠前的词包括 spatial，methodology，asymptotic 以及 missing，这表明了过去 10 年统计学学者关注的新主题。

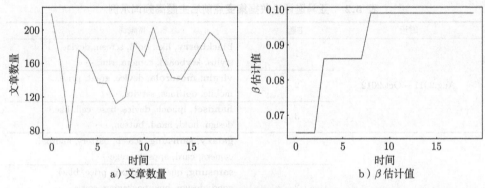

图 5.5　统计期刊数据集中文章数量及 β 随时间变化趋势

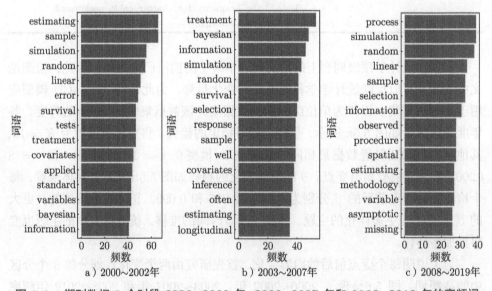

图 5.6　期刊数据 3 个时段 2000~2002 年，2003~2007 年和 2008~2019 年的高频词

最后，从主题的角度研究了每个变点前后的内容差异。重点关注 Topic-CD 模型估计得到的前 4 个主题。关注变点划分的 3 个分区中每个主题下的高频词，

相应结果见表 5.3。通过总结每个主题下高频词的含义，可以刻画主题的含义。可以看到这 3 个时期中前 4 个主题的含义大不相同。具体而言，2000~2002 年的主题讨论了生存分析、广义线性模型、抽样方法和实验设计。这些主题是统计学中的经典问题，在统计学的早期发展中被重点关注。在 2003~2007 年期间，4 个主题讨论了贝叶斯分析、因果推理以及医学和流行病学的发展方法。在最后一个时期（2008~2019 年），主题变得更加多样化。除了因果推理主题外，更多主题如变量选择、空间分析、高维分析等也出现了，它们仍然是当前统计学的研究重点。

表 5.3　期刊数据集 3 个时间段中提取的前 4 个主题的比较

时段	主题	高频词
2000 – 2002	1	**survival**, inference, edition, ROC, **sample**, editors, statistics, population, · · ·
	2	**test**, procedure, conditional, group, estimating, asymptotic, censoring, simulation, · · ·
	3	process, **generalized**, test, **linear**, responses, count, **multivariate**, · · ·
	4	**sample**, size, local, population, **sampling**, **design**, first, bias, · · ·
2003 – 2007	1	**Bayesian**, variable, size, **treatment**, sample, **outcome**, response, expression, · · ·
	2	population, inference, **treatment**, series, disease, cancer, individual, species, · · ·
	3	tests, subjects, exact, **design**, latent, **treatment**, expression, **response**, · · ·
	4	work, tests, **prior**, genes **Bayesian**, measures, **treatment**, estimating, · · ·
2008 – 2019	1	**treatment**, **longitudinal**, outcome, random, exposure, **patient**, simulation, first, · · ·
	2	**selection**, **variable**, information, simulation, **prior**, gene, **Bayesian**, sample, · · ·
	3	**Spatial**, **Bayesian**, random, **selection**, well, important, applied, methodology, · · ·
	4	**high**, **sparse**, **dimensional**, real, algorithm, linear, properties, · · ·

5.4.3　联合国数据集

该数据集是联合国公开辩论数据（Dieng 等，2019），可从 https://www.kaggle.com/unitednations/un-general-debates 下载。该数据集包含 1970~2016 年联合国成员国领导人和其他高级官员的观点陈述。这些陈述代表了其对重大世界政治问题的看法。采用与前述数据集相似的预处理操作，联合国辩论数据集包含 7507 个陈述，68 602 个不同的单词。

联合国成员国的代表每年会聚集在联合国年度会议上，针对每届会议核心发表辩论陈述。检测陈述文本中的变点可以反映世界政治关注点和焦点的变化。将 Topic-CD 模型应用于联合国辩论数据集以挖掘辩论陈述的变化。以年为时间单位划分此数据集，总共有 46 年。每年文档的数量如图 5.7a 所示，从 1970 年到 2016 年呈明显上升趋势。使用与期刊数据集中相同的参数设置，Topic-CD 模型检测到分别在 t=3（1973 年）和 t=13（1983 年）有两个变点。β 的变化也如图 5.5b 所示。具体而言，变点前后的 β 分别为 0.051、0.064 和 0.071。β 的增大表明，随着时间的推移，联合国辩论中讨论的话题变得更加多样化。

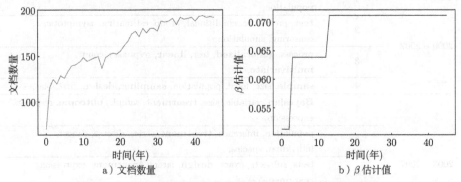

图 5.7　联合国辩论数据集文档数量及 β 随时间变化趋势

为了阐释辩论内容的变化，模型研究了由两个变化点划分的三个区间中的高频词。图 5.8分别显示了 1970~1972 年、1972~1982 年和 1983~2016 年期间频率最高的前 15 个词。值得注意的是，peoples, development, economic 以及 security 等词在 3 个时间段均有出现。这些词语反映了人类共同的目标和追求。相比之下，3 个时期也存在词语变化。例如，war 一词在 1970~1972 年间出现频率很高。代表们还就 rights 和 principles 进行了较多讨论。1972~1982 年，cooperation 和 relations 成为重要话题。随着时间的推移，随着国家和地区的合作加强，共同发展成为各方的共同目标。

最后，从主题的角度讨论每个变点前后的内容差异。关注由 Topic-CD 模型估计得到的前 3 个主题，其高频词如表 5.4 所示。可以看到，3 个时期的 3 个主题的含义是大不相同的。具体来说，1970~1972 年期间的主题讨论了战争、冲突和改革，这些主题反映了这个时期的世界并不稳定。1973~1982 年期间，话题集中在讨论经济发展。这一时期各国都关心经济发展和资源问题。在最后一个时期，

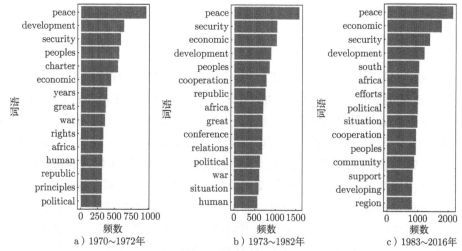

图 5.8　联合国辩论数据集中 3 个时间段高频词

表 5.4　联合国辩论数据集 3 个时间段中提取的前 3 个主题的比较

时段	主题	高频词
1970~1972	1	peoples,republic,**soviet,struggle,vietnam,aggression,** security,**independence,**···
	2	peace,republic,arab,security,**aggression,war,** charter,**forces,**···
	3	**israel,**peace,security,**resolution,**council,arab, east,agreement,···
1973~1982	1	**human,rights,**political,peace,social,american, **economic,**latin,···
	2	**economic,developing,development,**south,conference,system, developed,**resources,**···
	3	**economic,**africa,**development,**delegation,peace,african, developing,community,···
1983~2016	1	**development,climate,change,global,**small,developing, pacific,island,···
	2	**security,human,cooperation,**peace,council,development, rights,efforts,···
	3	political,economic,**peace,human,democracy,**social, development,today,···

即 1983~2016 年，气候变化、国家合作、人权等议题更加多元。随着经济的发展，越来越多的问题需要全世界关注和解决。上述研究发现验证了 Topic-CD 模型在实践中具有良好的应用。

5.5　讨论

上述研究发现验证了 Topic-CD 模型在实践中具有良好的应用。与此同时，Topic-CD 模型也有一些局限性，可以在未来进一步改进。首先，在 Topic-CD 模型中，主题的数量需要预先指定。然而，对于动态文本文档，主题的数量也可能随时间变化。因此，可以进一步考虑分层狄利克雷过程模型，结合 Topic-CD 模型，使主题的数量更加灵活。其次，从控制主题含义和主题多样性的超参数 β 的角度定义主题变点。事实上，每个文档中的主题表示方式也可以随时间变化。因此，更多的超参数（例如 α）也可以通过贝叶斯变化点方法建模，以帮助更准确地检测主题变点。再次，Topic-CD 模型假设每个主题在整个词汇表上都有概率分布。事实上动态文档的词汇表是可以改变的。因此，为了使动态主题更集中于特定时间的词汇表，在未来的研究中可以考虑对 Topic-CD 模型进行稀疏扩展。最后，Topic-CD 模型使用基本的 LDA 模型作为其模型基础。事实上，可以应用主题模型的更多变体来处理更复杂的情况。例如，结合主题分割方法（见文献 [4]）与 Topic-CD 模型可以帮助找到每个单个文档的主题变点。

参考文献

[1] BRÜGGERMANN D, HERMEY Y, ORTH C, et al. Storyline detection and tracking using dynamic latent dirichlet allocation[C]//Proceedings of the 2nd workshop on computing news storylines (CNS 2016). 2016: 9-19.

[2] ISHWARAN H, JAMES L F. Gibbs sampling methods for stick-breaking priors[J]. Journal of the American statistical Association, 2001, 96(453): 161-173.

[3] KO S I M, CHONG T T L, GHOSH P. Dirichlet process hidden Markov multiple change-point model[J]. 2015.

[4] DU L, BUNTINE W. JOHNSON M. Topic segmentation with a structured topic model[C]//Proceedings of the 2013 conference of the North Americal chapter of the Association for Computational Linguistics: Human language technologies. 2013: 190-200.

[5]　TEH Y, JORDAN M, BEAL M, et al. Hierarchical Dirichlet processes[J]. Journal of the American Statistical Association, 2006, 101(476): 1566-1581.

[6]　WANG Y, GOUTTE C. Real-time change point detection using on-line topic models[C]//Proceedings of the 27th International conference on computational linguistics. 2018: 2505-2515.

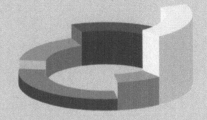

第 **6** 章

文本分层分类模型

6.1　基本概念与符号

分层分类问题在文本分类中十分常见，特别是在网络文本上。由于分层结构的复杂性和文本文本数量的增长，一个好的分层分类方法应该既有较高的分类准确率，又具有十分高效的计算效率。本章介绍了一种标签嵌入的分层分类方法来充分地利用分层结构中包含的信息，以提高分类器的性能。

在分层分类问题中，类别标签之间具有分层结构，而类别间的分层结构可以定义为一个图。图中的节点代表类别，边代表着类别间的关系。从节点 ν 到节点 ν' 的边表示：若样本属于节点 ν'，那么它一定属于节点 ν. 称 ν 是 ν' 的父节点，ν' 是 ν 的子节点。若某节点没有子节点，则称为叶节点，叶节点可能位于图中任意层。若图中每个节点最多只有一个父节点，则称为树结构；否则，称为有向循环图。图 6.1展示了一个动物分类的四层树结构的例子。本章针对树结构提出了一种标签嵌入的分层分类方法。进一步地，在树结构中，我们假设一个节点或者是叶节点或者至少有两个子节点，并且每个样本在每一层至多属于一个节点，即样本是单标签的。

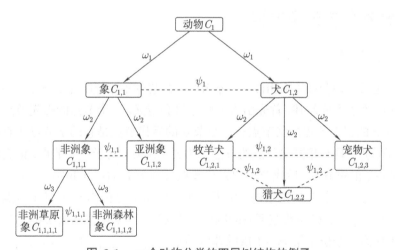

图 6.1　一个动物分类的四层树结构的例子

本章介绍的方法将分层结构中的节点映射为欧氏空间中的向量，通过向量间的欧氏距离反映节点间的不相似度，同时向量所在的空间的维度仅为 $n_{\text{leaf}} - 1$，其中 n_{leaf} 是叶节点的个数。而后，利用标签嵌入得到的向量，提出了基于角的分层分类器。该分类器是基于角的多分类器的一个自然的拓展。为了提高计算效率，以适应复杂的分层结构和大样本量的情形，设计了一类特殊的损失函数——（加权）线性损失函数。在（加权）线性损失函数下，估计量存在着解析解。最后，实证分析的结果表明和现有的方法相比，该方法收敛更快。

本章对于该分层分类模型的介绍分为 5 个小节。本节简要介绍了该模型的基本概念与构建思路。第 2 节将定义分层结构中节点间的不相似度，并提出基于标签嵌入的分层分类方法。第 3 节补充模型的具体细节，包括分层结构中标签嵌入的具体算法和（加权）线性损失函数下模型的求解。第 4 节通过基于文本数据的实证分析比较本章提出的方法和现有方法的表现。最后在第 5 节对本章提出的模型进行总结和进一步的讨论。

在进入下一节之前，先介绍本章所使用的一些基本符号。对任意正整数 m 和 i 满足 $i \leqslant m$，令 $e_i = (0, \cdots, 0, 1, 0, \cdots, 0)^T \in \mathbb{R}^m$，其中第 i 个坐标为 1 其余坐标为 0。对任意向量 $u = (u_1, \cdots, u_m)^T \in \mathbb{R}^m$，$\|u\|$ 表示向量的 l_2 范数，并且 $u^{(\widetilde{m})}$ 表示由该向量的前 $\widetilde{m}$ 个分量构成的子向量，其中 $\widetilde{m} \leqslant m$。对任意集合 S，$|S|$ 表示该集合的势。

6.2 文本分层分类模型

6.2.1 H.S. 性质

为了定义一种合理的不相似度，本节介绍理想的不相似度应该满足的性质——H.S. 性质。为了方便叙述，首先引入一些记号和定义。一个节点的祖先节点是它的父节点或它的祖先节点的父节点；一个节点的后代节点是它的子节点或它的后代节点的子节点；具有相同父节点的节点称为兄弟节点。对于一个节点，记它的父节点、子节点、祖先节点、后代节点和兄弟节点分别为 $\text{Par}(\cdot)$、$\text{Chi}(\cdot)$、$\text{Anc}(\cdot)$、$\text{Off}(\cdot)$ 和 $\text{Sib}(\cdot)$。对于一个 k 层树结构，位于第 1 层的根节点记作 C_1；其子节点位于第 2 层，共有 N_1 个，按照从左至右的顺序记作 C_{1,j_2}，其中 $j_2 = 1, 2, \cdots, N_1$。一般地，对于任意一个位于第 $m-1$ 层的非叶节点 $C_{1,j_2,\cdots,j_{m-1}}$，$3 \leqslant m \leqslant k$，它的子节点位于第 m 层，共有 $N_{1,j_2,\cdots,j_{m-1}}$ 个，按照从左至右的顺序记作 $C_{1,j_2,\cdots,j_{m-1},j_m}$，其中 $j_m = 1, 2, \cdots, N_{1,j_2,\cdots,j_{m-1}}$。记全部节点的集合为

$$\mathcal{C} = \{C_1\} \cup \{C_{j_1,j_2,\cdots,j_s} : j_1 \equiv 1, j_s = 1, \cdots, N_{j_1,j_2,\cdots,j_{s-1}}, s = 2, \cdots, k\}.$$

以图 6.1 为例，树结构一共有 $k = 4$ 层。其中，位于第 1 层的 C_1 表示根节

点，它有两个子节点，即 $N_1 = 2$，分别记作 $C_{1,1}$ 和 $C_{1,2}$；$C_{1,1}$ 有两个子节点，即 $N_{1,1} = 2$，分别记作 $C_{1,1,1}$ 和 $C_{1,1,2}$；$C_{1,2}$ 有三个子节点，即 $N_{1,2} = 3$，分别记作 $C_{1,2,1}$，$C_{1,2,2}$ 和 $C_{1,2,3}$；$C_{1,1,1}$ 有两个子节点，即 $N_{1,1,1} = 2$，分别记作 $C_{1,1,1,1}$ 和 $C_{1,1,1,2}$。

令 $\mathcal{C}_H = \mathcal{C} \setminus \{C_1\}$ 表示除根节点外的所有节点的集合，集合的势记作 $q = |\mathcal{C}| - 1$。将 $\mathcal{C}_H$ 中的节点按照树结构从上到下、从左到右的顺序排列。以图 6.1为例，节点排序后为

$$C_{1,1}, C_{1,2}; C_{1,1,1}, C_{1,1,2}, C_{1,2,1}, C_{1,2,2}, C_{1,2,3}; C_{1,1,1,1}, C_{1,1,1,2}.$$

排序后的节点重新记作 $C_{(1)}, \cdots, C_{(q)}$，并且令 $C_{(0)}$ 表示根节点。传统的标签嵌入将节点 $C_{(i)}, 1 \leqslant i \leqslant q$ 映射为一个 q 维二元向量 $\boldsymbol{u}(C_{(i)}) = (u_1, \cdots, u_q)^{\mathrm{T}}$，其中，对于 $1 \leqslant j \leqslant q$，

$$u_j = \begin{cases} 1, & \text{如果 } C_{(j)} \text{ 是 } C_{(i)} \text{ 的祖先节点或 } j = i, \\ 0, & \text{其他}. \end{cases}$$

以图 6.1为例，传统的标签嵌入法将树结构中的节点映射为矩阵 (6.1) 所示的向量，

$$\begin{pmatrix}
C_{1,1} & C_{1,2} & C_{1,1,1} & C_{1,1,2} & C_{1,2,1} & C_{1,2,2} & C_{1,2,3} & C_{1,1,1,1} & C_{1,1,1,2} \\
1 & 0 & 1 & 1 & 0 & 0 & 0 & 1 & 1 \\
0 & 1 & 0 & 0 & 1 & 1 & 1 & 0 & 0 \\
0 & 0 & 1 & 0 & 0 & 0 & 0 & 1 & 1 \\
0 & 0 & 0 & 1 & 0 & 0 & 0 & 0 & 0 \\
0 & 0 & 0 & 0 & 1 & 0 & 0 & 0 & 0 \\
0 & 0 & 0 & 0 & 0 & 1 & 0 & 0 & 0 \\
0 & 0 & 0 & 0 & 0 & 0 & 1 & 0 & 0 \\
0 & 0 & 0 & 0 & 0 & 0 & 0 & 1 & 0 \\
0 & 0 & 0 & 0 & 0 & 0 & 0 & 0 & 1
\end{pmatrix}. \tag{6.1}$$

令 $d_E(\cdot, \cdot)$ 表示向量间的欧氏距离。对于任意的两个节点 $C, C' \in \mathcal{C}_H$，令

$$d_{\mathcal{C}_H}(C, C') = d_E(\boldsymbol{u}(C), \boldsymbol{u}(C')).$$

然而，矩阵 (6.1) 中向量间的欧氏距离不能很好地模仿节点间的不相似度。以图 6.1 为例，$d_{\mathcal{C}_H}(C_{1,1}, C_{1,2}) = d_{\mathcal{C}_H}(C_{1,1,1}, C_{1,1,2}) = \sqrt{2}$。注意，一方面 $C_{1,1,1} = \{$非洲象$\}$ 和 $C_{1,1,2} = \{$亚洲象$\}$ 有着最近公共祖先 $C_{1,1} = \{$象$\}$；另一方面，$C_{1,1} = \{$象$\}$ 和 $C_{1,2} = \{$犬$\}$ 有着最近公共祖先 $C_1 = \{$动物$\}$。因为 $C_{1,1}$ 是 C_1 的子节点，所以一个合理的要求是 $d_{\mathcal{C}_H}(C_{1,1}, C_{1,2}) > d_{\mathcal{C}_H}(C_{1,1,1}, C_{1,1,2})$。接下来，我们给出最近公共祖先所在层 (Layer of the Latest Common Ancestor) 的定义。

定义 6.1　LLCA

对于位于第 m 层的节点 $C_{i_1,i_2,\cdots,i_m}$ 和位于第 l 层的节点 $C_{j_1,j_2,\cdots,j_l}$，其中 $i_1 = j_1 \equiv 1, 1 \leqslant m, l \leqslant k$，定义 $I_{i_1,i_2,\cdots,i_m;j_1,j_2,\cdots,j_l}$ 为节点 $C_{i_1,i_2,\cdots,i_m}$ 和 $C_{j_1,j_2,\cdots,j_l}$ 的最近公共祖先所在层，即

$$I_{i_1,i_2,\cdots,i_m;j_1,j_2,\cdots,j_l} = \max\left\{t : (i_1, i_2, \cdots, i_t) = (j_1, j_2, \cdots, j_t), 1 \leqslant t \leqslant \min\{m, l\}\right\}.$$

令 $s_{\mathcal{C}}(\cdot, \cdot)$ 表示树结构中节点间的不相似度，一个理想的不相似度的度量应满足如下 H.S. 性质。

定义 6.2　H.S. 性质

（H.S.1）（分层性质）对于任意的两对节点 $\{C_{i_1,i_2,\cdots,i_m}, C_{i'_1,i'_2,\cdots,i'_{\tilde{m}}}\}$ 和 $\{C_{j_1,j_2,\cdots,j_l}, C_{j'_1,j'_2,\cdots,j'_{\tilde{l}}}\}$，如果 $I_{i_1,i_2,\cdots,i_m;i'_1,i'_2,\cdots,i'_{\tilde{m}}} < I_{j_1,j_2,\cdots,j_l;j'_1,j'_2,\cdots,j'_{\tilde{l}}}$，那么

$$s_{\mathcal{C}}(C_{i_1,i_2,\cdots,i_m}, C_{i'_1,i'_2,\cdots,i'_{\tilde{m}}}) > s_{\mathcal{C}}(C_{j_1,j_2,\cdots,j_l}, C_{j'_1,j'_2,\cdots,j'_{\tilde{l}}}).$$

（H.S.2）（对称性质）对于任意的两对节点 $\{C_{i_1,i_2,\cdots,i_m}, C_{i'_1,i'_2,\cdots,i'_{\tilde{m}}}\}$ 和 $\{C_{i_1,i_2,\cdots,i_m}, C_{j'_1,j'_2,\cdots,j'_{\tilde{m}}}\}$，如果 $I_{i_1,i_2,\cdots,i_m;i'_1,i'_2,\cdots,i'_{\tilde{m}}} = I_{i_1,i_2,\cdots,i_m;j'_1,j'_2,\cdots,j'_{\tilde{m}}}$，那么

$$s_{\mathcal{C}}(C_{i_1,i_2,\cdots,i_m}, C_{i'_1,i'_2,\cdots,i'_{\tilde{m}}}) = s_{\mathcal{C}}(C_{i_1,i_2,\cdots,i_m}, C_{j'_1,j'_2,\cdots,j'_{\tilde{m}}}).$$

性质（H.S.1）表示如果节点 $C_{i_1,i_2,\cdots,i_m}$ 和 $C_{i'_1,i'_2,\cdots,i'_{\tilde{m}}}$ 的 LLCA 小于节点 $C_{j_1,j_2,\cdots,j_l}$ 和 $C_{j'_1,j'_2,\cdots,j'_{\tilde{l}}}$ 的 LLCA，那么，第 1 对节点的不相似度应高于第 2 对节点的不相似度。以图 6.1 为例，节点 $C_{1,1} = \{$象$\}$ 和 $C_{1,2} = \{$狗$\}$ 有着最近的公共祖先 $C_1 = \{$动物$\}$，而节点 $C_{1,1,1} = \{$非洲象$\}$ 和 $C_{1,1,2} = \{$亚洲象$\}$ 有着最近公共祖先 $C_{1,1} = \{$象$\}$。那么性质（H.S.1）要求 $s_{\mathcal{C}}(C_{1,1}, C_{1,2}) > s_{\mathcal{C}}(C_{1,1,1}, C_{1,1,2})$。性质（H.S.2）表示对于位于第 m 层的节点 $C_{i_1,i_2,\cdots,i_m}$ 和其他两个位于第 $\tilde{m}$ 层的节点 $C_{i'_1,i'_2,\cdots,i'_{\tilde{m}}}$，$C_{j'_1,j'_2,\cdots,j'_{\tilde{m}}}$，如果 $C_{i_1,i_2,\cdots,i_m}$，$C_{i'_1,i'_2,\cdots,i'_{\tilde{m}}}$ 的 LLCA 和 $C_{i_1,i_2,\cdots,i_m}$，$C_{j'_1,j'_2,\cdots,j'_{\tilde{m}}}$ 的 LLCA 相同，那么，第 1 对节点的不相似度和第 2 对节点的不相似度应该相同。以图 6.1 为例，$C_{1,1,1,1} = \{$非洲草原象$\}$，$C_{1,2,1} = \{$牧羊犬$\}$，$C_{1,2,2} = \{$猎

犬}。可以看到，$C_{1,2,1}$，$C_{1,2,2}$ 同在第 3 层，$\{C_{1,1,1,1}, C_{1,2,1}\}$ 的最近公共祖先为 $C_1 = \{动物\}$，$\{C_{1,1,1,1}, C_{1,2,2}\}$ 的最近公共祖先也为 $C_1 = \{动物\}$。因此，性质（H.S.2）要求 $s_\mathcal{C}(C_{1,1,1,1}, C_{1,2,1}) = s_\mathcal{C}(C_{1,1,1,1}, C_{1,2,2})$。在下面一小节中，我们将给出满足 H.S. 性质的不相似度的具体形式。

6.2.2　分层结构中节点间的不相似度

在这一小节我们将给出满足 H.S. 性质的不相似度的具体形式。首先构建一个图，并且按照以下两步在图中进一步定义了两种基础的不相似度：

步骤 1.（父节点和子节点间的不相似度）在位于第 $(m-1)$ 层 $(2 \leqslant m \leqslant k)$ 的非叶节点 $C_{j_1,j_2,\cdots,j_{m-1}}$ 和它的任意一个子节点 $C_{j_1,j_2,\cdots,j_m}, j_m = 1, \cdots, N_{j_1,j_2,\cdots,j_{m-1}}$ 间添加一条边。定义不相似度

$$s_\mathcal{C}(C_{j_1,j_2,\cdots,j_{m-1}}, C_{j_1,j_2,\cdots,j_m}) = \omega_{m-1},$$

其中，ω_{m-1} 是一个常数，之后我们会给出具体形式。注意 ω_{m-1} 只依赖于节点所在层，而和节点在这一层的具体位置无关。

步骤 2.（兄弟节点间的不相似度）对于具有共同父节点 $C_{j_1,j_2,\cdots,j_{m-1}}$，$2 \leqslant m \leqslant k$ 的兄弟节点 $\{C_{j_1,j_2,\cdots,j_m}, j_m = 1, \cdots, N_{j_1,j_2,\cdots,j_{m-1}}\}$，在所有兄弟节点间添加边，定义任意一对兄弟节点间的不相似度 $\psi_{j_1,j_2,\cdots,j_{m-1}}$。其中 $\psi_{j_1,j_2,\cdots,j_{m-1}}$ 是一个依赖于 $(j_1, j_2, \cdots, j_{m-1})$ 的常数，之后我们会给出具体形式。即对于任意 $1 \leqslant j_m' \neq j_m'' \leqslant N_{j_1,j_2,\cdots,j_{m-1}}, 2 \leqslant m \leqslant k$，

$$s_\mathcal{C}(C_{j_1,j_2,\cdots,j_{m-1},j_m'}, C_{j_1,j_2,\cdots,j_{m-1},j_m''}) = \psi_{j_1,j_2,\cdots,j_{m-1}}.$$

经过上述两个步骤，我们构建了一个图 $\mathcal{G}$，图中的点的集合为 $\mathcal{C}$，边的集合为

$$\mathcal{E} = \{父节点和子节点间的边\} \cup \{兄弟节点间的边\}.$$

图 6.1 给出了一个例子。

接下来，定义任意两个节点间的不相似度。考虑位于第 m 层的节点 $C_{i_1,i_2,\cdots,i_m}$ 和位于第 l 层的节点 $C_{j_1,j_2,\cdots,j_l}$，其中 $1 \leqslant m, l \leqslant k$，$i_1 = j_1 \equiv 1$。不失一般性地，假设 $m \leqslant l$。记 $\mathrm{Path}_{\min}(C_{i_1,i_2,\cdots,i_m}, C_{j_1,j_2,\cdots,j_l})$ 为图 $\mathcal{G}$ 中连接这两个节点的步数最少的路径。

令 $\tilde{t} = I_{i_1,i_2,\cdots,i_m;j_1,j_2,\cdots,j_l}$。具体地，$\mathrm{Path}_{\min}(C_{i_1,i_2,\cdots,i_m}, C_{j_1,j_2,\cdots,j_l})$ 有如下两种形式：

（i）如果 $\tilde{t} = m$，那么 $m < l$，节点 $C_{i_1,i_2,\cdots,i_m}$ 是节点 $C_{j_1,j_2,\cdots,j_l}$ 的祖先节点。因此 $\text{Path}_{\min}(C_{i_1,i_2,\cdots,i_m}, C_{j_1,j_2,\cdots,j_l})$ 为

$$C_{i_1,i_2,\cdots,i_m} \to C_{i_1,i_2,\cdots,i_m,j_{m+1}} \to \cdots \to C_{i_1,i_2,\cdots,i_m,j_{m+1},\cdots,j_l}. \tag{6.2}$$

（ii）否则，根据 $\tilde{t}$ 的定义，$(i_1,i_2,\cdots,i_{\tilde{t}}) = (j_1,j_2,\cdots,j_{\tilde{t}})$，即节点 $C_{i_1,i_2,\cdots,i_{\tilde{t}+1}}$ 和节点 $C_{j_1,j_2,\cdots,j_{\tilde{t}+1}}$ 是兄弟节点。因此，$\text{Path}_{\min}(C_{i_1,i_2,\cdots,i_m}, C_{j_1,j_2,\cdots,j_l})$ 由 3 部分组成，$\text{Path}_{\min}(C_{i_1,i_2,\cdots,i_m}, C_{i_1,i_2,\cdots,i_{\tilde{t}+1}})$、连接节点 $C_{i_1,i_2,\cdots,i_{\tilde{t}+1}}$，$C_{j_1,j_2,\cdots,j_{\tilde{t}+1}}$ 的边以及 $\text{Path}_{\min}(C_{j_1,j_2,\cdots,j_{\tilde{t}+1}}, C_{j_1,j_2,\cdots,j_l})$，即

$$C_{i_1,i_2,\cdots,i_m} \to \cdots \to C_{i_1,i_2,\cdots,i_{\tilde{t}+1}} \to C_{j_1,j_2,\cdots,j_{\tilde{t}+1}} \to \cdots \to C_{j_1,j_2,\cdots,j_l}. \tag{6.3}$$

在定义了 $\text{Path}_{\min}(C_{i_1,i_2,\cdots,i_m}, C_{j_1,j_2,\cdots,j_l})$ 之后，我们给出任意两个节点间的不相似度的定义。

定义 6.3　节点间的不相似度 假设路径 $\text{Path}_{\min}(C_{i_1,i_2,\cdots,i_m}, C_{j_1,j_2,\cdots,j_l})$ 上共有 r 个节点，分别记作 $\nu_i, 1 \leqslant i \leqslant r$，定义

$$s_C(C_{i_1,i_2,\cdots,i_m}, C_{j_1,j_2,\cdots,j_l}) = \left(\sum_{i=1}^{r-1} s_C^2(\nu_i, \nu_{i+1}) \right)^{\frac{1}{2}}.$$

结合步骤 1（父节点和子节点间的不相似度）和步骤 2（兄弟节点间的不相似度），在性质 6.1 中我们给出任意两个节点间的不相似度的具体形式。

性质 6.1 节点 $C_{i_1,\cdots,i_m}$ 和 $C_{j_1,\cdots,j_l}$ 的不相似度为

$$
\begin{aligned}
&s_C(C_{i_1,\cdots,i_m}, C_{j_1,\cdots,j_l}) \\
&= \begin{cases} \left(\sum\limits_{i=\tilde{t}}^{\max\{m,l\}-1} \omega_i^2 \right)^{\frac{1}{2}}, & \tilde{t} = \min\{m,l\}, \\ \left(\psi_{i_1,\cdots,i_{\tilde{t}}}^2 + \sum\limits_{i=1}^{m-1} \omega_i^2 + \sum\limits_{i=1}^{l-1} \omega_i^2 - 2\sum\limits_{i=1}^{\tilde{t}} \omega_i^2 \right)^{\frac{1}{2}}, & \tilde{t} < \min\{m,l\}, \end{cases}
\end{aligned} \tag{6.4}
$$

其中 $\tilde{t} = I_{i_1,\cdots,i_m;j_1,\cdots,j_l}$，$j_1 = i_1 \equiv 1$。

以图 6.1 为例，连接两个节点 $C_{1,1,1,1}$ 和 $C_{1,2,1}$ 的步数最少的路径是

$$C_{1,1,1,1} \to C_{1,1,1} \to C_{1,1} \to C_{1,2} \to C_{1,2,1}.$$

因此，这两个节点间的不相似度为

$$s_C(C_{1,1,1,1}, C_{1,2,1}) = \left(\psi_1^2 + 2\omega_2^2 + \omega_3^2\right)^{\frac{1}{2}}.$$

为了保证定义 (6.4) 中的不相似度满足 H.S. 性质，需要给出如下假设。

假设 6.1　给定常数 $\omega_1 > 0$, $\delta > 1$，假设

$$\omega_m = \frac{\omega_{m-1}}{\delta}, \quad 2 \leqslant m \leqslant k,$$

$$\omega_{m-1} < \psi_{j_1, j_2, \cdots, j_{m-1}} \leqslant 2\omega_{m-1}, \quad 2 \leqslant m \leqslant k. \tag{6.5}$$

假设 6.1中 $\omega_m = \frac{\omega_{m-1}}{\delta}$ 表示父节点和子节点间的不相似度随着层次的加深而减小，这是合理的。假设 6.1中式 (6.5) 的左边表示一个节点和它的父节点间的不相似度小于其兄弟节点间的不相似度；右边则为三角不等式。在第 6.3.1节中，我们将给出 $\psi_{j_1, j_2, \cdots, j_{m-1}}$ 的具体形式，以满足假设 6.1。基于假设 6.1，定理 6.1表示性质 6.1中的节点间的不相似度满足 H.S. 性质。

定理 6.1　在假设 6.1 下，如果 $\delta^2 \geqslant 2\sqrt{2} + 2$，那么式 (6.4) 中的节点间的不相似度满足 H.S. 性质。

6.2.3　基于角的分层分类器

在分层分类问题中，记 $\boldsymbol{Z} = (\boldsymbol{X}, Y) \in \mathcal{X} \times \mathcal{Y}$，其中 $\mathcal{X} \subset \mathbb{R}^p$，$\mathcal{Y}$ 是树结构中从根节点到叶节点的路径集合。具体地，$\boldsymbol{X} \in \mathbb{R}^p$ 是一个 p 维协变量，$Y = \{Y^{(1)}, \cdots, Y^{(\mathcal{L}(Y))}\}$ 是对应 $\boldsymbol{X}$ 的路径，$Y^{(m)}$ 表示第 m 层的节点，$\mathcal{L}(Y)$ 表示叶节点所在层，即 $Y^{(1)} = C_1$, $Y^{(m)} \in \mathrm{Chi}(Y^{(m-1)})$, $m = 2, \cdots, \mathcal{L}(Y)$。例如，图 6.1中的两条可能的路径为 $y = \{C_1, C_{1,1}, C_{1,1,1}, C_{1,1,1,1}\}$, $\mathcal{L}(y) = 4$ 以及 $y = \{C_1, C_{1,2}, C_{1,2,1}\}$, $\mathcal{L}(y) = 3$。

本章介绍的的分层分类器利用了树结构中节点的嵌入向量。事实上，可以给出一种标签嵌入法，嵌入得到的向量间的欧氏距离和树结构中节点间的不相似度相等，即该方法构建了一个同构映射。为了使分层分类模型的叙述更加简洁，我们假设已经获得了树结构中的节点所对应的嵌入向量，具体的构造算法 6.2将在第 6.3.1节中详细叙述。

记 n_{leaf} 为树结构中叶节点的个数，$j_1 \equiv 1$。对 $2 \leqslant m \leqslant k$，记第 m 层的节点为

$$\mathcal{C}_{H,m} = \{C_{j_1, j_2, \cdots, j_m}, j_s = 1, \cdots, N_{j_1, j_2, \cdots, j_{s-1}}, s = 2, \cdots, m\},$$

它们对应的嵌入向量为

$$E_{H,m} = \{\boldsymbol{\xi}_{j_1,j_2,\cdots,j_m} \in \mathbb{R}^K : j_s = 1,\cdots,N_{j_1,j_2,\cdots,j_{s-1}}, s = 2,\cdots,m\},$$

其中维度 $K \geqslant n_{\mathrm{leaf}}-1$。在第 6.3.1 节的嵌入构造算法中我们会说明，$K = n_{\mathrm{leaf}}-1$。注意到除根节点外的所有节点的集合为 $\mathcal{C}_H = \mathcal{C}/\{C_1\} = \bigcup\limits_{m=2}^{k} \mathcal{C}_{H,m}$。于是，令 $E_H = \bigcup\limits_{m=2}^{k} E_{H,m}$。将该同构映射定义为 $F_H : \mathcal{C}_H \to E_H$ 使得

$$F_H(C_{j_1,j_2,\cdots,j_m}) = \boldsymbol{\xi}_{j_1,j_2,\cdots,j_m}.$$

分层分类的策略多样而复杂。按照不同的策略，样本可以有多种分类结果。在分层分类中，最常用的策略是自上而下，本章将采用这种策略。给定一个样本，已知它在第 $(m-1)$ 层被分到某个节点，那么，在第 m 层，我们只考虑将它分到其子节点中。

对于 $m = 2,\cdots,\mathcal{L}(y)$，令 $\boldsymbol{\xi}_m(y) = F_H(y^{(m)})$ 表示第 m 层对应的嵌入向量，即 $\boldsymbol{\xi}_m(y) = \boldsymbol{\xi}_{j_1,\cdots,j_m}$ 如果 $y^{(m)} = C_{j_1,\cdots,j_m}$。记学习函数为

$$\boldsymbol{f}(\boldsymbol{x}) = (f_1(\boldsymbol{x}),\cdots,f_K(\boldsymbol{x}))^{\mathrm{T}} \in \mathbb{R}^K,$$

其中 $K = n_{\mathrm{leaf}} - 1$。定义线性判别函数

$$g : (\boldsymbol{f}(\boldsymbol{x}),\boldsymbol{\xi}_m(y)) \to \langle \boldsymbol{f}(\boldsymbol{x}),\boldsymbol{\xi}_m(y) \rangle,$$

其中 $\langle \cdot,\cdot \rangle$ 表示欧氏空间的内积。给定 $\boldsymbol{f}(\boldsymbol{x})$，记 $\hat{y} = \mathcal{H}(\boldsymbol{f}(\boldsymbol{x})) \in \mathcal{Y}$ 表示 $\boldsymbol{x}$ 的预测路径，$\hat{y}$ 根据如下分类策略确定。注意 $\hat{y}^{(1)} \equiv C_1$。

定义 6.4　自上而下的策略 对于 $m \geqslant 2$，假设 $\boldsymbol{x}$ 在第 $m-1$ 层已经被分到节点 $\hat{y}^{(m-1)}$。当 $\hat{y}^{(m-1)}$ 不是叶节点时，在第 m 层，我们将 x 分到 $\hat{y}^{(m-1)}$ 的某个子节点 $\hat{y}^{(m)} \in \mathrm{Chi}(\hat{y}^{(m-1)})$，如果 $\hat{y}^{(m)}$ 对应的向量 $\boldsymbol{\xi}_m(\hat{y})$ 满足对于任意的 $\tilde{y} \in \mathcal{E}_m(\hat{y}) = \{\tilde{y} : \tilde{y}^{(m)} \neq \hat{y}^{(m)},\tilde{y}^{(m)} \in \mathrm{Chi}(\hat{y}^{(m-1)})\}$，

$$g(\boldsymbol{f}(\boldsymbol{x}),\boldsymbol{\xi}_m(\hat{y})) \geqslant g(\boldsymbol{f}(\boldsymbol{x}),\boldsymbol{\xi}_m(\tilde{y})). \tag{6.6}$$

注意到 $\boldsymbol{\xi}_m(\tilde{y})$ 只依赖于 $\tilde{y}^{(m)}$。事实上，可能存在着多个 $\tilde{y} \in \mathcal{E}_m(\hat{y})$ 在第 m 层具有相同的节点 $\tilde{y}^{(m)}$，在这种情形下，选择其中的一个作为代表，将这些代表

的集合记作 $[\mathcal{E}_m(\hat{y})]$，只需要要求式 (6.6) 对于任意的 $\tilde{y} \in [\mathcal{E}_m(\hat{y})]$ 成立即可。以图 6.1为例，令 $\hat{y}^{(1)} = C_1$。考虑子节点 $C_{1,1}$ 和 $C_{1,2}$。那么，$\boldsymbol{x}$ 将被分到 $\hat{y}^{(2)} = C_{1,1}$，如果式 (6.6) 对任意的 $\tilde{y} \in \mathcal{E}_2(\hat{y})$ 成立，其中

$$\mathcal{E}_2(\hat{y}) = \{\{C_1, C_{1,2}, C_{1,2,1}\}, \{C_1, C_{1,2}, C_{1,2,2}\}, \{C_1, C_{1,2}, C_{1,2,3}\}\}.$$

注意到，$\mathcal{E}_2(\hat{y})$ 中的 3 条路径在第 2 层具有相同的节点 $C_{1,2}$，因此只需选择一个作为代表，并要求式 (6.6) 成立，即

$$\langle \boldsymbol{f}(\boldsymbol{x}), \boldsymbol{\xi}_{1,1} \rangle > \langle \boldsymbol{f}(\boldsymbol{x}), \boldsymbol{\xi}_{1,2} \rangle.$$

否则，令 $\hat{y}^{(2)} = C_{1,2}$。假设 $\hat{y}^{(2)} = C_{1,2}$，考虑 $C_{1,2}$ 的子节点，$C_{1,2,1}, C_{1,2,2}$, $C_{1,2,3}$。计算

$$\langle \boldsymbol{f}(\boldsymbol{x}), \boldsymbol{\xi}_{1,2,1} \rangle, \quad \langle \boldsymbol{f}(\boldsymbol{x}), \boldsymbol{\xi}_{1,2,2} \rangle, \quad \langle \boldsymbol{f}(\boldsymbol{x}), \boldsymbol{\xi}_{1,2,3} \rangle,$$

那么，$\hat{y}^{(3)}$ 对应的嵌入向量应具有最大的内积。

根据第 6.3.1节中向量的构造过程，看到所有 $\boldsymbol{\xi}_m(\tilde{y}), \tilde{y} \in [\mathcal{E}_m(\hat{y})]$ 的范数相同。因此，式 (6.6) 成立等价于

$$d_E(\boldsymbol{f}(\boldsymbol{x}), \boldsymbol{\xi}_m(\hat{y})) \leqslant d_E(\boldsymbol{f}(\boldsymbol{x}), \boldsymbol{\xi}_m(\tilde{y})).$$

这表明我们的分层分类策略实际上是依赖于欧氏距离的。给定线性判别函数 g，定义

$$G_m(\boldsymbol{f}(\boldsymbol{x}), y, \tilde{y}) = g(\boldsymbol{f}(\boldsymbol{x}), \boldsymbol{\xi}_m(y)) - g(\boldsymbol{f}(\boldsymbol{x}), \boldsymbol{\xi}_m(\tilde{y})), \tilde{y} \in [\mathcal{E}_m(y)], m = 2, \cdots, \mathcal{L}(y).$$

对于样本 $z = (\boldsymbol{x}, y)$，对应自上而下策略的分层边际函数 $M(\boldsymbol{f}(\boldsymbol{x}), y)$ 定义为

$$M(\boldsymbol{f}(\boldsymbol{x}), y) = \min_{m=2,\cdots,\mathcal{L}(y)} \left[g(\boldsymbol{f}(\boldsymbol{x}), \boldsymbol{\xi}_m(y)) - \max_{\tilde{y} \in [\mathcal{E}_m(y)]} g(\boldsymbol{f}(\boldsymbol{x}), \boldsymbol{\xi}_m(\tilde{y})) \right]$$

$$= \min_{m=2,\cdots,\mathcal{L}(y), \tilde{y} \in [\mathcal{E}_m(y)]} G_m(\boldsymbol{f}(\boldsymbol{x}), y, \tilde{y}).$$

如果分类器的预测路径是正确的，上述边际函数应大于 0。这等价于一系列的线性约束条件

$$G_m(\boldsymbol{f}(\boldsymbol{x}), y, \tilde{y}) \geqslant 0, \quad \tilde{y} \in [\mathcal{E}_m(y)], m = 2, \cdots, \mathcal{L}(y). \tag{6.7}$$

现在，考虑一种特殊的情形 $k = 2$，这种情形不包含任何的分层信息。如果 $M(\boldsymbol{f}(\boldsymbol{x}), y) \geqslant 0$，即对于任意的 $\tilde{y} \in [\mathcal{E}_2(y)] = \{\tilde{y} : \tilde{y}^{(2)} \neq y^{(2)}\}$，$\langle \boldsymbol{f}(\boldsymbol{x}), \boldsymbol{\xi}_2(y) \rangle \geqslant \langle \boldsymbol{f}(\boldsymbol{x}), \boldsymbol{\xi}_2(\tilde{y}) \rangle$。那么分类器 $\boldsymbol{f}(\boldsymbol{x})$ 对 $\boldsymbol{x}$ 的预测路径是正确的。

记 $\mathcal{H}(\boldsymbol{f}(\boldsymbol{x})) \in \mathcal{Y}$ 为对应于学习函数 $\boldsymbol{f}(\boldsymbol{x})$ 的根据自上而下策略得到的分层分类规则。分层分类中的泛化误差的定义有多种，在本章中，采用 0-1 分层损失函数，定义 $R(\boldsymbol{f}) = E[I(Y \neq \mathcal{H}(\boldsymbol{f}(\boldsymbol{X})))]$。可以验证

$$I(Y \neq \mathcal{H}(\boldsymbol{f}(\boldsymbol{X}))) = I(M(\boldsymbol{f}(\boldsymbol{X}), Y) < 0).$$

这意味着，如果式 (6.7) 不满足，即

$$\exists m, \tilde{y} \in [\mathcal{E}_m(y)], \quad \text{s.t.} \quad G_m(\boldsymbol{f}(\boldsymbol{x}), y, \tilde{y}) < 0,$$

则发生了分类错误。

令 $\{\boldsymbol{z}_i : \boldsymbol{z}_i = (\boldsymbol{x}_i, y_i)\}_{i=1}^n$ 是 n 个带标签的训练样本的集合。经验泛化误差定义为

$$n^{-1} \sum_{i=1}^n I(M(\boldsymbol{f}(\boldsymbol{x}_i), y_i) < 0),$$

$I(\cdot)$ 的不连续性导致了计算上的不可行。给定一个凸的替代损失 ℓ，分层分类的优化问题为

$$\min_{\boldsymbol{f} \in \mathcal{F}} n^{-1} \sum_{i=1}^n \ell(M(\boldsymbol{f}(\boldsymbol{x}_i), y_i)) + \lambda J(\boldsymbol{f}),$$

或者等价的

$$\min_{\boldsymbol{f} \in \mathcal{F}} n^{-1} \sum_{i=1}^n \ell(M(\boldsymbol{f}(\boldsymbol{x}_i), y_i)), \quad \text{s.t.} \quad J(\boldsymbol{f}) \leqslant s_\lambda,$$

其中 $\mathcal{F}$ 是候选函数的集合，$J(\boldsymbol{f})$ 是 $\boldsymbol{f}$ 的罚函数，λ 和 $s_\lambda > 0$ 是调节参数。由于 $M(\boldsymbol{f}(\boldsymbol{x}_i), y_i)$ 导数的不连续性，求解上述问题的计算量仍然很大。例如，对于线性分类器 $\boldsymbol{f}(\boldsymbol{x}) = \boldsymbol{A}\boldsymbol{x}$ 其中 $\boldsymbol{A} \in \mathbb{R}^{K \times p}$，$\boldsymbol{x}$ 的第 1 个分量为 1，我们可以看到 $\dfrac{\partial M(\boldsymbol{A}\boldsymbol{x}_i, y_i)}{\partial \boldsymbol{A}}$ 是不连续的。为了进一步提高计算效率，这里，把 $\ell(M(\boldsymbol{f}(\boldsymbol{x}_i), y_i))$ 替换成

$$V_\ell(\boldsymbol{f}, \boldsymbol{z}_i) = \sum_{m=2}^{\mathcal{L}(y_i)} \sum_{\tilde{y} \in [\mathcal{E}_m(y_i)]} \ell(G_m(\boldsymbol{f}(\boldsymbol{x}_i), y_i, \tilde{y})).$$

然后，求解下述优化问题

$$\hat{\boldsymbol{f}}_\lambda = \underset{\boldsymbol{f} \in \mathcal{F}}{\arg\min}\, n^{-1} \sum_{i=1}^{n} V_\ell(\boldsymbol{f}, \boldsymbol{z}_i) + \lambda J(\boldsymbol{f}). \tag{6.8}$$

具体地，对于线性分类器 $\boldsymbol{f}(\boldsymbol{x}) = \boldsymbol{A}\boldsymbol{x} \in \mathcal{F}$，惩罚数 $J(\boldsymbol{f})$ 是矩阵 $\boldsymbol{A}$ 的 $\boldsymbol{F}$ 范数的平方，我们有

$$\hat{\boldsymbol{A}}_\lambda = \underset{\boldsymbol{A}}{\arg\min}\, n^{-1} \sum_{i=1}^{n} V_\ell(\boldsymbol{A}\boldsymbol{x}_i, \boldsymbol{z}_i) + \lambda \|\boldsymbol{A}\|_F^2. \tag{6.9}$$

估计得到的分类器为 $\hat{\boldsymbol{f}}_\lambda(\boldsymbol{x}) = \hat{\boldsymbol{A}}_\lambda \boldsymbol{x}$。

从式 (6.8) 和式 (6.9) 获得的估计有两个方面的优势。首先，它的计算很方便；其次，可以证明，在一般的条件下，该估计量在总体意义下是 Fisher 一致的，这保证了估计的合理性和有效性。实证的结果表明，和现有的方法相比，本章介绍的方法在分类准确率和计算效率上有十分明显的优势。为了进一步地减小计算量，在第 6.3.2 节中，我们提出了两种特殊的损失函数，线性损失和加权线性损失，在这两种损失下，$\hat{\boldsymbol{A}}_\lambda$ 具有解析解。

6.3　模型求解算法

本节先给出标签嵌入的具体算法，再讨论线性损失下线性分类器的解析解。

6.3.1　标签嵌入法

在这一小节，我们介绍分层结构中的标签嵌入方法。第 6.2.3 节提到，本章提出的标签嵌入法构建了一个同构映射，嵌入得到的向量间的欧氏距离和树结构中节点间的不相似度相等。

首先考虑 $\tilde{q}$ 类多分类问题。介绍一种用于多分类问题中的标签嵌入方法，然后将这个方法拓展到了分层结构中。

1. 多分类中的标签嵌入

本文提出的 $\tilde{q}$ $(\tilde{q} \geqslant 2)$ 类多分类标签嵌入法得到的 $\tilde{q}$ 个向量 $\{\boldsymbol{\xi}_i\}_{i=1}^{\tilde{q}}$ 在 $\mathbb{R}^{\tilde{q}-1}$ 空间中，每对向量间的欧氏距离相同，详细的构造方法见算法 6.1。事实上，这些向量构成了 $\mathbb{R}^{\tilde{q}-1}$ 空间中的单纯形。令 $\boldsymbol{u}^{(m)}$ 表示 $\boldsymbol{u}$ 的前 m 个分量构成的向量。

算法 6.1　多分类中的标签嵌入法

1: 初始化: 给定一个常数 $c > 0$, 令 $\xi_1^{(1)} = \frac{c}{2}, \xi_2^{(1)} = -\frac{c}{2}$。

2: 迭代: 对于 $m = 2, \cdots, \tilde{q} - 1$, 重复以下步骤 (1) 和 (2)。

　(1)　令 $\boldsymbol{\xi}_i^{(m)} = ((\boldsymbol{\xi}_i^{(m-1)})^{\mathrm{T}}, 0)^{\mathrm{T}} \in \mathbb{R}^m, i = 1, \cdots, m$;

　(2)　令 $\boldsymbol{\xi}_{m+1}^{(m)} = m^{-1} \sum\limits_{i=1}^{m} \boldsymbol{\xi}_i^{(m)} + a_m \boldsymbol{e}_m^{(m)}$, 其中 $a_m = \sqrt{c^2 - d_{m-1}^2}$, $d_{m-1} = \left\| m^{-1} \sum\limits_{i=1}^{m} \boldsymbol{\xi}_i^{(m-1)} - \boldsymbol{\xi}_m^{(m-1)} \right\|$, $e_m \in \mathbb{R}^m$ 的第 m 个分量为 1, 其余分量为 0。

3: 中心化: 令 $\boldsymbol{\xi}_i \leftarrow \boldsymbol{\xi}_i - (\tilde{q})^{-1} \sum\limits_{j=1}^{\tilde{q}} \boldsymbol{\xi}_j, i = 1, \cdots, \tilde{q}$。

4: 尺度放缩: 对于 $1 \leqslant i \leqslant \tilde{q}, \tilde{\boldsymbol{\xi}}_i \leftarrow T T_{\tilde{q}}^{-1} \boldsymbol{\xi}_i$, 其中 $T_{\tilde{q}}$ 的性质在性质 6.2 中给出。

性质 6.2　下述结论成立:

(1) 算法 6.1 中步骤 1~3 构造的向量 $\{\boldsymbol{\xi}_i\}_{i=1}^{\tilde{q}}$ 满足,

　(i) 对于 $1 \leqslant i \neq j \leqslant \tilde{q}, \|\boldsymbol{\xi}_i - \boldsymbol{\xi}_j\| = c$;

　(ii) 对于 $1 \leqslant i \leqslant \tilde{q}, \|\boldsymbol{\xi}_i\| = T_{\tilde{q}}$, 其中 $T_{\tilde{q}} = c \left[\dfrac{(\tilde{q}-1)}{2\tilde{q}} \right]^{\frac{1}{2}}$;

　(iii) 对于任意的 $1 \leqslant i \neq j \leqslant \tilde{q}, \angle(\boldsymbol{\xi}_i, \boldsymbol{\xi}_j)$ 是一个常数, 且 $\cos \angle(\boldsymbol{\xi}_i, \boldsymbol{\xi}_j) = -\dfrac{1}{(\tilde{q}-1)}$。

(2) 算法 6.1 中步骤 1~4 构造的向量 $\{\tilde{\boldsymbol{\xi}}_i\}_{i=1}^{\tilde{q}}$ 满足,

　(i) 对于 $1 \leqslant i \leqslant \tilde{q}, \|\tilde{\boldsymbol{\xi}}_i\| = T$;

　(ii) 对于 $1 \leqslant i \neq j \leqslant \tilde{q}, \|\tilde{\boldsymbol{\xi}}_i - \tilde{\boldsymbol{\xi}}_j\| = c_{\tilde{q}}$, 其中 $c_{\tilde{q}} = T \left[\dfrac{2\tilde{q}}{(\tilde{q}-1)} \right]^{\frac{1}{2}}$。

性质 6.2 表明算法 6.1 中步骤 1~3 构造的向量 $\{\boldsymbol{\xi}_i\}_{i=1}^{\tilde{q}}$, 每对的距离相等, 均为 c。因此, 如果目的是构造具有相等距离 c 的向量, 采用步骤 1~3 即可。如果希望构造的向量具有相等的长度 T 则进一步采用步骤 4, 对向量 $\{\boldsymbol{\xi}_i\}_{i=1}^{\tilde{q}}$ 进行放缩。经过步骤 4 构造的向量 $\{\tilde{\boldsymbol{\xi}}_i\}_{i=1}^{\tilde{q}}$, 每对的距离为 $c_{\tilde{q}}$, 长度为 T。

注释 1　算法 6.1 中构造的向量在由 $\{e_j \in \mathbb{R}^{\tilde{q}-1}, 1 \leqslant j \leqslant \tilde{q}\}$ 扩张成的空间中, 其中 e_j 是 $\mathbb{R}^{\tilde{q}-1}$ 空间的基向量。对任意满足 $b \geqslant a + \tilde{q} - 1$ 且 $a \geqslant 0$ 的整数 a 和 b, 算法 6.1 可以很自然地拓展到在由基向量 $\{e_j \in \mathbb{R}^b, a+1 \leqslant j \leqslant a+\tilde{q}-1\}$ 张成的空间中, 只需令 $\tilde{\boldsymbol{\xi}}_i$ 为 $(\boldsymbol{0}_a^{\mathrm{T}}, \tilde{\boldsymbol{\xi}}_i^{\mathrm{T}}, \boldsymbol{0}_{b-a-\tilde{q}+1}^{\mathrm{T}})^{\mathrm{T}}, 1 \leqslant i \leqslant \tilde{q}$ 即可。

以图 6.1 为例, 如果完全忽略层次结构, 只考虑叶节点, 给定 $T = 1$, 那么,

算法 6.1构造的向量为

$$
\begin{pmatrix}
C_{1,1,1,1} & C_{1,1,1,2} & C_{1,1,2} & C_{1,2,1} & C_{1,2,2} & C_{1,2,3} \\[2mm]
-\dfrac{\sqrt{15}}{5} & \dfrac{\sqrt{15}}{5} & 0 & 0 & 0 & 0 \\[4mm]
-\dfrac{\sqrt{5}}{5} & -\dfrac{\sqrt{5}}{5} & \dfrac{2\sqrt{5}}{5} & 0 & 0 & 0 \\[4mm]
-\dfrac{\sqrt{10}}{10} & -\dfrac{\sqrt{10}}{10} & -\dfrac{\sqrt{10}}{10} & \dfrac{3\sqrt{10}}{10} & 0 & 0 \\[4mm]
-\dfrac{\sqrt{6}}{10} & -\dfrac{\sqrt{6}}{10} & -\dfrac{\sqrt{6}}{10} & -\dfrac{\sqrt{6}}{10} & \dfrac{2\sqrt{6}}{5} & 0 \\[4mm]
-\dfrac{1}{5} & -\dfrac{1}{5} & -\dfrac{1}{5} & -\dfrac{1}{5} & -\dfrac{1}{5} & 1
\end{pmatrix}. \tag{6.10}
$$

注意到矩阵 (6.10) 中的向量不包含任何分层信息。每对叶节点间的距离为 $\dfrac{2\sqrt{15}}{5}$. 如性质（H.S.1）所述，一个更合理的要求是 $d_{\mathcal{C}_H}(C_{1,1,1}, C_{1,1,2}) < d_{\mathcal{C}_H}(C_{1,1,2}, C_{1,2,1})$. 接下来，我们将给出分层结构中的标签嵌入法。一方面，构造得到的向量包含了分层结构的信息；另一方面，其所在空间的维度和矩阵 (6.10) 相同。

2. 分层结构中的标签嵌入

在这一小节我们把多分类中的标签嵌入法拓展到分层结构中。注意到位于第 1 层的根节点是无意义的。先回顾在第 6.2.3 节中用到的记号。记 n_{leaf} 为树结构中叶节点的个数，$j_1 \equiv 1$. 对 $2 \leqslant m \leqslant k$，记第 m 层的节点为

$$\mathcal{C}_{H,m} = \{C_{j_1, j_2, \cdots, j_m}, j_s = 1, \cdots, N_{j_1, j_2, \cdots, j_{s-1}}, s = 2, \cdots, m\},$$

它们对应的嵌入向量为

$$E_{H,m} = \{\boldsymbol{\xi}_{j_1, j_2, \cdots, j_m} \in \mathbb{R}^K : j_s = 1, \cdots, N_{j_1, j_2, \cdots, j_{s-1}}, s = 2, \cdots, m\},$$

下文中的性质 6.3 表明维度 $K = n_{\text{leaf}} - 1$.

对于 $m = 2$，$\mathcal{C}_{H,2}$ 中一共有 N_{j_1} 个节点。令 $D_2 = N_{j_1} - 1$。构造向量

$$\{\boldsymbol{\xi}_{j_1, j_2} \in \mathbb{R}^K, j_2 = 1, \cdots, N_{j_1}\},$$

其中 $\{\boldsymbol{\xi}_{j_1,j_2}^{(D_2)}, j_2 = 1, \cdots, N_{j_1}\}$ 是由算法 6.1构造的给定范数 $T^{(1)}$、维度 D_2 的向量，$\boldsymbol{\xi}_{j_1,j_2}$ 中的下标大于 D_2 的分量为 0. 对于 $m = 3, \cdots, k$，$E_{H,m}$ 的构造如算法 6.2所示。可以看到向量 $\boldsymbol{\xi}_{j_1,j_2,\cdots,j_m}$ 的第 i 个分量 $(i > D_k)$ 为 0。进一步地，性质 6.3 表明 $D_k = n_{\text{leaf}} - 1$。

性质 6.3 对任意的 $i > D_k$，任意的向量 $\boldsymbol{\xi}_{j_1,j_2,\cdots,j_m} \in \bigcup\limits_{l=2}^{k} E_{H,l}$ 的第 i 个分量是 0。因此，构造的向量所在的空间维度为 $K = D_k = n_{\text{leaf}} - 1$。

对于不同的 i，子空间 (6.11) 是正交的。根据性质 6.3，向量 $\boldsymbol{\xi}_{j_1',j_2',\cdots,j_{m-1}'}$ 的下标大于 D_{m-1} 的分量均为 0，而向量 $\boldsymbol{\eta}_{j_1',j_2',\cdots,j_{m-1}',j_m}$ 的前 D_{m-1} 个分量均为 0。因此，算法 6.2中步骤 3 的式 (6.12) 表示构造的向量从它的父节点对应的向量中继承了一部分分量。同时，对于 $\mathcal{C}_H = \mathcal{C}/\{C_1\} = \bigcup\limits_{m=2}^{k} \mathcal{C}_{H,m}$ 和 $E_H = \bigcup\limits_{m=2}^{k} E_{H,m}$，以及在第 6.2.3节中定义的映射 $F_H : \mathcal{C}_H \to E_H$ 使得 $F_H(C_{j_1,j_2,\cdots,j_m}) = \boldsymbol{\xi}_{j_1,j_2,\cdots,j_m}$，下述定理表明 F_H 是一个同构映射。

算法 6.2　分层结构中的标签嵌入法

对于 $m = 3, \cdots, k$，重复步骤 1-3：

1: 将 $\mathcal{C}_{H,m-1}$ 中的非叶节点按从左到右顺序排序，记作 $C_1^{(m-1)}, \cdots, C_{n_{m-1}}^{(m-1)}$，其中 n_{m-1} 是第 $m-1$ 层非叶节点的节点个数。对于任意的 $1 \leqslant i \leqslant n_{m-1}$，存在 $(j_2', \cdots, j_{m-1}')$ 使得 $C_i^{(m-1)} = C_{j_1',j_2',\cdots,j_{m-1}'}$，$j_1' \equiv 1$。对于任意的非叶节点 $C_i^{(m-1)} = C_{j_1',j_2',\cdots,j_{m-1}'}$，它在第 m 层的子节点为

$$\text{Chi}(C_i^{(m-1)}) = \{C_{j_1',j_2',\cdots,j_{m-1}',j_m}, j_m = 1, \cdots, N_{j_1',j_2',\cdots,j_{m-1}'}\},$$

根据假设每个非叶节点都至少有两个子节点，即 $N_{j_1',j_2',\cdots,j_{m-1}'} \geqslant 2$。令

$$d_{m,i} = N_{j_1',j_2',\cdots,j_{m-1}'} - 1, \quad i = 1, \cdots, n_{m-1},$$

以及 $T^{(m-1)} = \dfrac{T^{(m-2)}}{\delta}$，其中 δ 是假设 6.1中定义的常数。

2: 对任意的 $C_i^{(m-1)}$ $(1 \leqslant i \leqslant n_{m-1})$ 和它的子节点 $\text{Chi}(C_i^{(m-1)})$，根据算法 6.1和说明 1，给定范数 $T^{(m-1)}$，在如下子空间

$$\text{span}\left\{e_j \in \mathbb{R}^K : D_{m-1} + 1 + \sum_{s=0}^{i-1} d_{m,s} \leqslant j \leqslant D_{m-1} + \sum_{s=0}^{i} d_{m,s}\right\}, \tag{6.11}$$

构造 $N_{j_1',j_2',\cdots,j_{m-1}'}$ 个向量，记作 $\{\boldsymbol{\eta}_{j_1',j_2',\cdots,j_{m-1}',j_m}, j_m = 1, \cdots, N_{j_1',j_2',\cdots,j_{m-1}'}\}$。其中 $d_{m,0} = 0$，e_j 是 $\mathbb{R}^K$ 的基向量。对于 $j_m = 1, \cdots, N_{j_1',j_2',\cdots,j_{m-1}'}$，令

$$\boldsymbol{\xi}_{j_1',j_2',\cdots,j_{m-1}',j_m} = \boldsymbol{\xi}_{j_1',j_2',\cdots,j_{m-1}'} + \boldsymbol{\eta}_{j_1',j_2',\cdots,j_{m-1}',j_m}. \tag{6.12}$$

3: 对于 $\mathcal{C}_{H,m-1}$ 中的全部 n_{m-1} 个非叶节点重复步骤 2,令

$$D_m = D_{m-1} + \sum_{i=1}^{n_{m-1}} d_{m,i}.$$

定理 6.2 假设 $\delta^2 \geqslant 2\sqrt{2} + 2$。令

$$\psi_{j_1,j_2,\cdots,j_{m-1}} = \omega_{m-1} \left[\frac{2N_{j_1,\cdots,j_{m-1}}}{(N_{j_1,\cdots,j_{m-1}} - 1)} \right]^{\frac{1}{2}}, 2 \leqslant m \leqslant k,$$

其中 $j_1 \equiv 1$。那么 $\psi_{j_1,j_2,\cdots,j_{m-1}}$ 满足假设 6.1。对于任意的节点 $C_{i_1,i_2,\cdots,i_m}$ 和 $C_{j_1,j_2,\cdots,j_l}$,成立

$$s_{\mathcal{C}}(C_{i_1,i_2,\cdots,i_m}, C_{j_1,j_2,\cdots,j_l}) = \frac{\omega_1}{T^{(1)}} d_E(F_H(C_{i_1,i_2,\cdots,i_m}), F_H(C_{j_1,j_2,\cdots,j_l})).$$

特别地,令 $T^{(1)} = \omega_1$,F_H 是一个从 $(\mathcal{C}_H, s_{\mathcal{C}})$ 到 (E_H, d_E) 的同构映射。

注释 2 不失一般性地,令 $\omega_1 = 1$,$T^{(1)} = 1$ 以保持同构映射。事实上,之后我们将看到,$T^{(1)} > 0$ 的值不会影响分类的结果。进一步地,当 $\delta^2 \geqslant 2\sqrt{2} + 2$,前期模拟的结果表明 δ 的影响是有限的。本章令 $\delta = \sqrt{5}$。这里,δ 是一个与 m 无关的常数,也可以令 δ 依赖于 m,即 $\omega_m = \frac{\omega_{m-1}}{\delta_m}$。

结合定理 6.1 和定理 6.2,性质 6.4 说明嵌入得到的向量满足 H.S. 性质。

性质 6.4 假设 $\delta^2 \geqslant 2\sqrt{2} + 2$,

(1) 对于任意的两对向量 $\{\boldsymbol{\xi}_{i_1,\cdots,i_m}, \boldsymbol{\xi}_{i'_1,\cdots,i'_{\tilde{m}}}\}$ 和 $\{\boldsymbol{\xi}_{j_1,\cdots,j_l}, \boldsymbol{\xi}_{j'_1,\cdots,j'_{\tilde{l}}}\}$,如果

$$I_{i_1,\cdots,i_m;i'_1,\cdots,i'_{\tilde{m}}} < I_{j_1,\cdots,j_l;j'_1,\cdots,j'_{\tilde{l}}},$$

那么,$d_E(\boldsymbol{\xi}_{i_1,\cdots,i_m}, \boldsymbol{\xi}_{i'_1,\cdots,i'_{\tilde{m}}}) > d_E(\boldsymbol{\xi}_{j_1,\cdots,j_l}, \boldsymbol{\xi}_{j'_1,\cdots,j'_{\tilde{l}}})$。

(2) 对于任意的两对向量 $\{\boldsymbol{\xi}_{i_1,\cdots,i_m}, \boldsymbol{\xi}_{i'_1,\cdots,i'_{\tilde{m}}}\}$ 和 $\{\boldsymbol{\xi}_{i_1,\cdots,i_m}, \boldsymbol{\xi}_{j'_1,\cdots,j'_{\tilde{m}}}\}$,如果

$$I_{i_1,\cdots,i_m;i'_1,\cdots,i'_{\tilde{m}}} = I_{i_1,\cdots,i_m;j'_1,\cdots,j'_{\tilde{m}}},$$

那么,$d_E(\boldsymbol{\xi}_{i_1,\cdots,i_m}, \boldsymbol{\xi}_{i'_1,\cdots,i'_{\tilde{m}}}) = d_E(\boldsymbol{\xi}_{i_1,\cdots,i_m}, \boldsymbol{\xi}_{j'_1,\cdots,j'_{\tilde{m}}})$。

以图 6.1 为例,根据算法 6.2 构造的向量为

$$
\begin{pmatrix}
C_{1,1} & C_{1,2} & C_{1,1,1} & C_{1,1,2} & C_{1,2,1} & C_{1,2,2} & C_{1,2,3} & C_{1,1,2,1} & C_{1,1,2,2} \\
-1 & 1 & -1 & -1 & 1 & 1 & 1 & -1 & -1 \\
0 & 0 & -\dfrac{\sqrt{5}}{5} & \dfrac{\sqrt{5}}{5} & 0 & 0 & 0 & -\dfrac{\sqrt{5}}{5} & -\dfrac{\sqrt{5}}{5} \\
0 & 0 & 0 & 0 & -\dfrac{\sqrt{15}}{10} & \dfrac{\sqrt{15}}{10} & 0 & 0 & 0 \\
0 & 0 & 0 & 0 & -\dfrac{\sqrt{5}}{10} & -\dfrac{\sqrt{5}}{10} & \dfrac{\sqrt{5}}{5} & 0 & 0 \\
0 & 0 & 0 & 0 & 0 & 0 & 0 & -\dfrac{1}{5} & \dfrac{1}{5}
\end{pmatrix}.
$$

$$(6.13)$$

可以看到，嵌入向量的维数为 5，小于传统的标签嵌入法矩阵 (6.1) 所需的维数 9，等于只考虑叶节点的多分类标签嵌入法矩阵 (6.10) 需的维数。对应矩阵 (6.13) 的距离矩阵为

$$
\begin{pmatrix}
 & C_{1,2} & C_{1,1,1} & C_{1,1,2} & C_{1,2,1} & C_{1,2,2} & C_{1,2,3} & C_{1,1,2,1} & C_{1,1,2,2} \\
C_{1,1} & 2 & \dfrac{\sqrt{5}}{5} & \dfrac{\sqrt{5}}{5} & \dfrac{\sqrt{105}}{5} & \dfrac{\sqrt{105}}{5} & \dfrac{\sqrt{105}}{5} & \dfrac{\sqrt{6}}{5} & \dfrac{\sqrt{6}}{5} \\
C_{1,2} & & \dfrac{\sqrt{105}}{5} & \dfrac{\sqrt{105}}{5} & \dfrac{\sqrt{5}}{5} & \dfrac{\sqrt{5}}{5} & \dfrac{\sqrt{5}}{5} & \dfrac{\sqrt{106}}{5} & \dfrac{\sqrt{106}}{5} \\
C_{1,1,1} & & & \dfrac{2\sqrt{5}}{5} & \dfrac{\sqrt{110}}{5} & \dfrac{\sqrt{110}}{5} & \dfrac{\sqrt{110}}{5} & \dfrac{1}{5} & \dfrac{1}{5} \\
C_{1,1,2} & & & & \dfrac{\sqrt{110}}{5} & \dfrac{\sqrt{110}}{5} & \dfrac{\sqrt{110}}{5} & \dfrac{\sqrt{21}}{5} & \dfrac{\sqrt{21}}{5} \\
C_{1,2,1} & & & & & \dfrac{\sqrt{15}}{5} & \dfrac{\sqrt{15}}{5} & \dfrac{\sqrt{111}}{5} & \dfrac{\sqrt{111}}{5} \\
C_{1,2,2} & & & & & & \dfrac{\sqrt{15}}{5} & \dfrac{\sqrt{111}}{5} & \dfrac{\sqrt{111}}{5} \\
C_{1,2,3} & & & & & & & \dfrac{\sqrt{111}}{5} & \dfrac{\sqrt{111}}{5} \\
C_{1,1,2,1} & & & & & & & & \dfrac{2}{5}
\end{pmatrix}.
$$

可以看到映射之后的向量包含分层结构的信息。注意到，$C_{1,1} = \{\text{象}\}$，$C_{1,2} = \{\text{犬}\}$，$C_{1,1,1} = \{\text{非洲象}\}$，$C_{1,1,2} = \{\text{亚洲象}\}$，$C_{1,2,1} = \{\text{牧羊犬}\}$。经过简单的计

算，可以得到 $d_{\mathcal{C}_H}(C_{1,1}, C_{1,2}) = 2$，大于 $d_{\mathcal{C}_H}(C_{1,1,1}, C_{1,1,2}) = \dfrac{2\sqrt{5}}{5}$，而后者小于 $d_{\mathcal{C}_H}(C_{1,1,2}, C_{1,2,1}) = \dfrac{\sqrt{110}}{5}$。

6.3.2　线性损失

为了进一步地提高本文提出的方法的计算效率，提出了线性损失函数。在线性损失函数下，估计量具有解析解，求解过程不再需要进行任何的迭代。

定义线性损失函数 $\ell_{\mathrm{lin}}(u) = -u$，事实上它等价于损失函数 $\tilde{\ell}_{\mathrm{lin}}(u) = 1 - u$，因为二者有相同的估计量。注意到 $\ell_{\mathrm{hinge}}(u) = \max\{\tilde{\ell}_{\mathrm{lin}}(u), 0\}$ 可以看作 $\tilde{\ell}_{\mathrm{lin}}(u)$ 的一个截断。在线性损失下，记式 (6.9) 的最小值点为 $\hat{\boldsymbol{A}}_{\mathrm{lin},\lambda}$，我们有

$$\hat{\boldsymbol{A}}_{\mathrm{lin},\lambda} = -\frac{\boldsymbol{B}}{(2\lambda)}, \tag{6.14}$$

其中，

$$\boldsymbol{B} = n^{-1}\sum_{i=1}^{n}\sum_{m=2}^{\mathcal{L}(y_i)}\sum_{\tilde{y}\in[\mathcal{E}_m(y_i)]}(\boldsymbol{\xi}_m(\tilde{y}) - \boldsymbol{\xi}_m(y_i))\boldsymbol{x}_i^{\mathrm{T}}.$$

注意到，对于任意的两个兄弟节点 $\boldsymbol{\xi}_{j_1,j_2,\cdots,j_m}$，$\boldsymbol{\xi}_{j_1,j_2,\cdots,j'_m}$ 以及任意的 $\kappa > 0$，我们有

$$\langle\boldsymbol{\xi}_{j_1,j_2,\cdots,j_m}, \hat{\boldsymbol{A}}_{\mathrm{lin},\lambda}\boldsymbol{x}\rangle \leqslant \langle\boldsymbol{\xi}_{j_1,j_2,\cdots,j'_m}, \hat{\boldsymbol{A}}_{\mathrm{lin},\lambda}\boldsymbol{x}\rangle \Longleftrightarrow$$

$$\langle\boldsymbol{\xi}_{j_1,j_2,\cdots,j_m}, \kappa\hat{\boldsymbol{A}}_{\mathrm{lin},\lambda}\boldsymbol{x}\rangle \leqslant \langle\boldsymbol{\xi}_{j_1,j_2,\cdots,j'_m}, \kappa\hat{\boldsymbol{A}}_{\mathrm{lin},\lambda}\boldsymbol{x}\rangle$$

由于估计量 $\hat{\boldsymbol{A}}_{\mathrm{lin},\lambda}$ 是 λ^{-1} 的线性函数，λ 的值不影响分类结果。因此，线性损失函数下的估计量是不需要选择调节参数的，这大大减少了计算量。在式 (6.14) 中，我们令 $\lambda = 1$，并将对应的估计量记作 $\hat{\boldsymbol{A}}_{\mathrm{lin}}$。

尽管线性损失函数在计算上十分简单，但是由于它奖励了分类正确的样本，故它对异常值可能不稳健。为了减小可能存在的异常值的影响，提出了自适应的加权线性损失函数。考虑如下优化问题

$$\hat{\boldsymbol{A}}_{\mathrm{ada},\lambda} = \underset{\boldsymbol{A}}{\arg\min}\, n^{-1}\sum_{i=1}^{n}w_i V_{\ell_{\mathrm{lin}}}(\boldsymbol{A}\boldsymbol{x}_i, \boldsymbol{z}_i) + \lambda\|\boldsymbol{A}\|_F^2,$$

其中 w_i 是第 i 个训练样本的权重。令

$$w_i = \frac{1}{(1 + \|\hat{\boldsymbol{A}}_{\text{lin}} \boldsymbol{x}_i\|^{\gamma})},$$

其中 $\gamma > 0$ 是一个调节参数。加权线性损失函数的优点之一是估计量仍然有解析解。具体地,

$$\hat{\boldsymbol{A}}_{\text{ada},\lambda} = -\frac{\boldsymbol{B}_{\text{ada}}}{(2\lambda)},$$

其中

$$\boldsymbol{B}_{\text{ada}} = n^{-1} \sum_{i=1}^{n} \sum_{m=2}^{\mathcal{L}(y_i)} \sum_{\tilde{y} \in [\mathcal{E}_m(y_i)]} w_i (\boldsymbol{\xi}_m(\tilde{y}) - \boldsymbol{\xi}_m(y_i)) \boldsymbol{x}_i^{\mathrm{T}}.$$

在这里略去证明。显然 λ 不影响分类结果。令 $\lambda = 1$ 记对应的估计量为 $\hat{\boldsymbol{A}}_{\text{ada}}$。之后的实证表明,加权线性损失函数在分类准确率和计算效率上有显著的优势。

在优化问题 (6.9) 中,也考虑合页损失函数 $\ell_{\text{hinge}}(\cdot)$,相应的优化问题为

$$\min_{\boldsymbol{A} \in \mathbb{R}^{K \times p}} n^{-1} \sum_{i=1}^{n} V_{\ell_{\text{hinge}}}(\boldsymbol{A}\boldsymbol{x}_i, \boldsymbol{z}_i) + \lambda \|\boldsymbol{A}\|_F^2.$$

该优化问题可以通过二次对偶规划求解。

6.4 实例应用

在这一小节我们通过实证来评价本文提出的方法在 3 种损失函数下的表现,分别记作 HierLE$_{\text{lin}}$(线性损失),HierLE$_{\text{wl}}$(加权线性损失)和 HierLE$_{\text{hinge}}$(合页损失)。

6.4.1 评价指标

给定大小为 n_{te} 的测试集 $\{(\boldsymbol{x}_i, y_i)\}_{i=1}^{n_{\text{te}}}$,记

$$\hat{y}_i = \{\hat{y}_i^{(1)}, \cdots, \hat{y}_i^{(\mathcal{L}(\hat{y}_i))}\}, \quad i = 1, \cdots, n_{\text{te}}$$

是 $\boldsymbol{x}_i$ 的预测路径。先介绍 4 类损失,然后介绍分层 F 值 [7] 作为评价指标。损失的值越小越好,而分层 F 值越大越好。

第 1 个评价指标是 0-1 损失 [1]，如果 $\boldsymbol{x}_i$ 的整个路径预测正确，那么损失是 0，否则损失是 1，即

$$\ell_{0-1} = \sum_{i=1}^{n_{\text{te}}} \frac{I(\hat{y}_i \neq y_i)}{n_{\text{te}}}.$$

第 2 个评价指标是对称损失。对称损失 ℓ_Δ 的计算如下所示，

$$\ell_\Delta = \sum_{i=1}^{n_{\text{te}}} \frac{|(\hat{y}_i \backslash y_i) \cup (y_i \backslash \hat{y}_i)|}{n_{\text{te}}}.$$

对称损失平等地对待树结构上的所有节点。

此外，文献 [2] 中定义了一个分层的损失指标，该损失给予在树结构的上层所犯的错误较大的权重，而在下层所犯的错误较小的权重。注意到 y_i 和 $\hat{y}_i$ 的长度可能不同，将 y_i 转化为一个二元向量 $\boldsymbol{\mathcal{Q}}(y_i) \in \mathbb{R}^q$，其中第 j 个分量 $\mathcal{Q}(y_i)_j$ 表示 $C_{(j)}$ 是否在路径 y_i 上。用同样的方法定义 $\boldsymbol{\mathcal{Q}}(\hat{y}_i)$。分层的损失为

$$\ell_{\text{H}} = \sum_{i=1}^{n_{\text{te}}} \sum_{j=1}^{q} v_{C_{(j)}} I(\{\mathcal{Q}(\hat{y}_i)_j \neq \mathcal{Q}(y_i)_j\} \wedge \frac{\{\mathcal{Q}(\hat{y}_i)_s = \mathcal{Q}(y_i)_s, \ \forall s < j\})}{n_{\text{te}}},$$

其中 $0 \leqslant v_{C_{(j)}} \leqslant 1$ 是权重。权重 $v_{C_{(j)}}$ 有两种选择，具体地，记 ℓ_{H} 为 $\ell_{\text{H(sib)}}$，当 $v_{C_{(j)}}$ 为

$$v_{C_{(0)}} = 1, v_{C_{(j)}} = \frac{v_{\text{Par}(C_{(j)})}}{|\text{Sib}(C_{(j)})|}, j = 1, \cdots, q,$$

其中 $|\text{Sib}(C_{(j)})|$ 表示节点 $C_{(j)}$ 的兄弟节点的个数。记 ℓ_{H} 为 $\ell_{\text{H(sub)}}$，当 $v_{C_{(j)}}$ 为

$$v_{C_{(j)}} = q^{-1}|\text{subtree}(C_{(j)})|, j = 1, \cdots, q,$$

其中 $|\text{subtree}(C_{(j)})|$ 是以 $C_{(j)}$ 为根节点的子树的大小。

除上述 4 类损失外，文献 [7] 建议使用分层 F 值（见文献 [3]）作为评价指标，它可以应用于各种分层分类的情形，包括树结构、有向循环图、单标签的、多标签的。分层 F 值定义为

$$\text{hF} = \frac{2 \cdot \text{hP} \cdot \text{hR}}{(\text{hP} + \text{hR})},$$

其中 hP 和 hR 是分层准确率和分层召回率，分别定义为

$$hP = \frac{\sum_{i=1}^{n_{te}} |\{\cup_{C_{(j)} \in \hat{y}_i} \text{Anc}(C_{(j)}) \cup \hat{y}_i\} \cap \{\cup_{C_{(j)} \in y_i} \text{Anc}(C_{(j)}) \cup y_i\}|}{\sum_{i=1}^{n_{te}} |\cup_{C_{(j)} \in \hat{y}_i} \text{Anc}(C_{(j)}) \cup \hat{y}_i|}$$

$$hR = \frac{\sum_{i=1}^{n_{te}} |\{\cup_{C_{(j)} \in \hat{y}_i} \text{Anc}(C_{(j)}) \cup \hat{y}_i\} \cap \{\cup_{C_{(j)} \in y_i} \text{Anc}(C_{(j)}) \cup y_i\}|}{\sum_{i=1}^{n_{te}} |\cup_{C_{(j)} \in y_i} \text{Anc}(C_{(j)}) \cup y_i|}.$$

6.4.2 实证分析

分层分类问题在文本分类中十分常见。使用两个数据集来展示我们方法的效果。

第 1 个数据集是 Reuters 新闻数据集的一部分（见文献 [5]），这个数据集可以在 http://kt.ijs.si/DragiKocev/PhD/resources/doku.php?id=hmc_classification 上下载。这是一个多标签的分层分类问题，即每个样本可能属于多条路径。原始数据集一共有 3000 个样本和 47236 个特征。对于整个树结构，我们选择一棵子树如图 6.2所示。它一共有 4 层，共 15 个节点，叶节点有 10 个。选取属于且只属于这棵子树中一条路径的样本。最后得到的数据集有 455 个样本和 7206 个特征。

第 2 个数据集是中文文本分类（CHTC），该数据集由本书作者收集。我们从一个中文团购网站下载了 5241 条带标签的广告。这个分层分类问题的树结构一共有 4 层。第 2 层有 5 个节点，分别为美食、娱乐活动、生活服务、网上购物和旅行。第 3 层和第 4 层分别有 16 和 35 个节点。树结构一共有 57 个节点，叶节点有 40 个。表 6.1展示了具体的分层结构和每个类别的样本量。

对文本进行分词、去停词等预处理，得到 13103 个单词，协变量表示这些单词在文本中出现的频数。对于这个数据集，我们考虑两种情形，树结构的前 3 层构成的子树和整个树结构。

对于每个数据集，将样本按照 1:1:2 的比例分成训练集、验证集和测试集。首先应用基于距离的相关系数进行特征筛选（见文献 [6]），数据集 Reuters 选择了110 个特征，数据集 CHTC 选择了 1000 个特征。

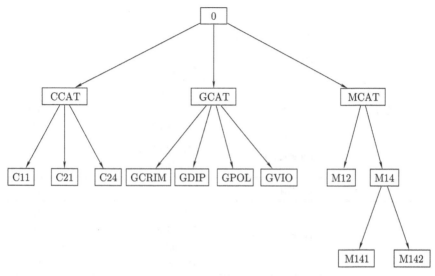

图 6.2　Reuters 数据集子树的分层结构

表 6.1　中文文本分类的分层结构和样本量

第 2 层	第 3 层	第 4 层	样本量
A 美食	A1 主食	A11 自助餐	173
		A12 中餐（非自助）	165
		A13 西餐（非自助）	130
		A14 日韩餐（非自助）	188
		A15 其他	159
	A2 甜品	A21 蛋糕	187
		A22 其他	143
B 娱乐活动	B1 文娱	B11 电影	111
		B12 KTV	154
		B13 演出	158
		B14 其他	177
	B2 运动	B21 健身	109
		B22 滑冰	132
		B23 其他	137
	B3 休闲	B31 SPA	131
		B32 钓鱼	31
		B33 视频游戏	135
		B34 彩票	77

（续）

第 2 层	第 3 层	第 4 层	样本量
	C1 美容沙龙	C11 美发	111
		C12 面部身体美容	102
C 生活服务	C2 照相	C21 个人照	205
		C22 婚纱照	138
		C23 儿童照	142
	C3 健康护理	C31 健康咨询	98
		C32 体检	157
	C4 其他		147
	D1 服饰	D11 衣服	137
		D12 鞋子	79
		D13 配饰	123
		D14 包	67
D 网上购物	D2 包装食品		142
	D3 日常用品	D31 家电家具	153
		D32 电子产品	89
		D33 化妆品	171
		D34 玩具	83
	D4 影音书籍		87
	D5 其他		140
E 旅行	E1 酒店		77
	E2 旅游	E21 旅游套餐	124
		E22 景点门票	172

　　评价指标和运行时间（单位：s）重复 100 次的平均值如表 6.2 所示。本文提出的方法在 3 种损失函数下 $HierLE_{lin}$，$HierLE_{wl}$ 和 $HierLE_{hinge}$ 在所有评价指标上都表现较好，$HierLE_{wl}$ 表现最好。在（加权）线性损失下，本章的方法 $HierLE_{lin}$ 和 $HierLE_{wl}$ 在计算上十分高效，并且 $HierLE_{lin}$ 运行时间最短。对于 CHTC 数据集，由于树结构比较复杂、样本量较大，只考虑 $HierLE_{lin}$ 和 $HierLE_{wl}$。可以看到，$HierLE_{lin}$ 和 $HierLE_{wl}$ 在所有的评价指标上表现较好。可以说本章提出的方法 $HierLE_{lin}$ 和 $HierLE_{wl}$ 在分类准确率和计算效率上有着十分明显的优势。

表 6.2　Reuters 和 CHTC 数据集重复 100 次的平均值和标准差

	ℓ_{0-1}	ℓ_{Δ}	$\ell_{\mathrm{H(sib)}}$	$\ell_{\mathrm{H(sub)}}$	hF	Time
Reuters						
HierLE$_{\mathrm{lin}}$	$0.428_{0.004}(1.6\%)$	$1.161_{0.013}(10.6\%)$	$0.068_{0.001}(13.7\%)$	$0.055_{0.001}(16.8\%)$	$0.750_{0.003}(3.6\%)$	0.050
HierLE$_{\mathrm{wl}}$	$\mathbf{0.409}_{0.004}(\mathbf{6.0\%})$	$\mathbf{1.089}_{0.010}(\mathbf{16.1\%})$	$\mathbf{0.064}_{0.001}(\mathbf{19.5\%})$	$\mathbf{0.051}_{0.001}(\mathbf{23.0\%})$	$\mathbf{0.766}_{0.002}(\mathbf{5.8\%})$	1.772
HierLE$_{\mathrm{hinge}}$	$0.424_{0.004}(2.5\%)$	$1.142_{0.012}(12.0\%)$	$0.067_{0.001}(15.8\%)$	$0.053_{0.001}(19.4\%)$	$0.755_{0.003}(4.3\%)$	37.322
CHTC $k=3$						
HierLE$_{\mathrm{lin}}$	$0.335_{0.001}(21.4\%)$	$1.100_{0.003}(24.8\%)$	$0.050_{0.000}(27.0\%)$	$0.045_{0.000}(25.8\%)$	$0.725_{0.001}(14.3\%)$	0.548
HierLE$_{\mathrm{wl}}$	$\mathbf{0.324}_{0.001}(\mathbf{23.8\%})$	$\mathbf{1.059}_{0.003}(\mathbf{27.6\%})$	$\mathbf{0.048}_{0.000}(\mathbf{30.0\%})$	$\mathbf{0.043}_{0.000}(\mathbf{29.0\%})$	$\mathbf{0.735}_{0.001}(\mathbf{15.9\%})$	20.461
CHTC $k=4$						
HierLE$_{\mathrm{lin}}$	$0.417_{0.001}(16.4\%)$	$1.781_{0.005}(22.5\%)$	$0.049_{0.000}(27.8\%)$	$0.057_{0.000}(25.6\%)$	$0.693_{0.001}(14.9\%)$	0.853
HierLE$_{\mathrm{wl}}$	$\mathbf{0.403}_{0.001}(\mathbf{19.3\%})$	$\mathbf{1.707}_{0.004}(\mathbf{25.8\%})$	$\mathbf{0.047}_{0.000}(\mathbf{31.4\%})$	$\mathbf{0.054}_{0.000}(\mathbf{29.3\%})$	$\mathbf{0.705}_{0.001}(\mathbf{17.0\%})$	32.877

6.5　讨论

本章介绍了一个基于标签嵌入的分层分类方法。和现有的嵌入方法不同，我们提出的标签嵌入法构造了一个同构映射，嵌入得到的向量间的欧氏距离等于节点间的不相似度。因而，嵌入的向量能够准确地反映分层结构的信息。同时，嵌入向量所在空间的维度和只考虑叶节点的多分类标签嵌入法所需的维度相同，且远远小于传统的分层分类标签嵌入法所需的维度。

嵌入向量后，本章遵循自上而下的分层分类策略定义了分层边际函数。进一步地，提出了基于角的分层分类器。事实上，它将分类问题转化为了回归问题，是多分类问题中基于角的多分类器的一个自然的拓展。

在（加权）线性损失函数下，估计量存在解析解，因而在计算上十分的高效。特别地，在分层结构复杂、样本量大的情形下，这一优势更加明显。

在对文本数据的实证分析中，本章提出的分层分类方法在分类准确率表现较好。随着树结构层数的加深，分层结构变得更加复杂，本章提出的分层分类方法可以更充分地利用分层结构的信息，在分类准确率上的优势更加明显。

本章提出的方法还有许多值得拓展讨论的方面。首先，仅考虑了线性学习函数，该方法可以进一步拓展到核学习中。其次，本章关注的是树结构的情形和单标签的情形，如何将本章提出的分层分类方法拓展到有向循环图或多标签的情形是一个十分有意义且有挑战的方向。此外，在处理高维数据时，在优化问题中添加惩罚项，例如 l_1 惩罚项，可以帮助我们进行变量选择，从而得到稀疏的模型参数。

参考文献

[1]　CAI L, HOFMANN T. Hierarchical document categorization with support vector machines[C]//Proceedings of the thirteenth ACM international conference on Information and knowledge management. 2004: 78-87.

[2]　CESA-BIANCHI N, CONCONI A, Gentile C. Regret bounds for hierarchical classification with linear-threshold functions[C]//Learning Theory: 17th Annual Conference on Learning Theory, COLT 2004, Banff, Canada, Jyly 1-4, 2004. Proceedings 17. Springer Berlin Heidelberg, 2004: 93-108.

[3]　KIRITCHENKO S, MATWIN S, FAMILI A F. Functional annotation of genes using hierarchical text categorization[C]//Proc. of the ACL Workshop on Linking Biological Literature, Ontologies and Databases: Mining Biological Semantics, 2005.

[4]　KOSMOPOULOS A, PARTALAS I, GAUSSIER E, et al. Evaluation measures for hierarchical classification: a unified view and novel approaches[J]. Data Mining and Knowledge Discovery, 2015, 29: 820-865.

[5]　LEWIS D D, YANG Y, RUSSELL-ROSE T, et al. Rcv1: A new benchmark collection for text categorization research[J]. Journal of machine learning research, 2004, 5(Apr): 361-397.

[6]　LI R, ZHONG W, ZHU L. Feature screening via distance correlation learning[J]. Journal of the American Statistical Association, 2012, 107(499): 1129-1139.

[7]　SILLA C N, FREITAS A A. A survey of hierarchical classification across different application domains[J]. Data mining and knowledge discovery, 2011, 22: 31-72.

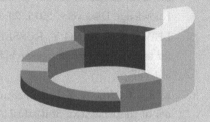

第 7 章

异质图新闻推荐模型

7.1　基本概念与符号

　　新闻推荐是推荐系统最早在互联网公司的实际应用，它的出现彻底颠覆了传统的纸媒行业，开创了新的数字阅读时代。

　　新闻推荐的本质是排序。对于用户 u_0 和一系列候选新闻 (m_0, m_1, m_2)，利用模型 f 计算 $(f(u_0, m_0), f(u_0, m_1), f(u_0, m_2))$ 得到 3 个预测值 $(\hat{y}_0, \hat{y}_1, \hat{y}_2)$，按照这 3 个预测值对新闻进行排序，将排序结果返回给用户。所以研究推荐技术的核心就是研究如何更加精准地对一批新闻内容进行排序。在新闻推荐的场景中，首先由用户发起请求，然后推荐系统会访问数据库拿到用户和新闻的特征，经过一系列排序算法最终筛选出一部分新闻展示给用户，然后收集用户的反馈（如：点击、点赞、分享等行为），通过日志系统发送到数据库实时和批量更新模型。推荐系统一般包含：离线候选集构建、召回、粗排、精排、重排，一共 5 个阶段，来达到对内容的层层筛选。当前对推荐系统的完善主要是针对粗排和精排模型。随着深度学习时代的到来，针对各种场景的推荐模型开始利用多层神经网络来提取高阶交互特征，同时辅以注意力机制、文本信息抽取等技术来提升模型效果。

　　异质图新闻推荐，顾名思义是在异质图（用户-新闻图）上来做新闻推荐，本文具体的方法是图神经网络。近年来，图神经网络取得了蓬勃的发展，利用异质图神经网络来研究推荐系统是近年来的发展趋势。本质上传统的各种推荐模型也可以看作异质图结构的一种特例，但是它们仅仅考虑了节点本身和部分一阶邻居的信息。利用异质图神经网络来做推荐可以有效引入高阶邻居的信息，因此该类模型的推荐精度通常会更高。

　　本章对于异质图新闻推荐模型的介绍分为 5 个部分。本节简要介绍了基本概念与符号；7.2 节将详细介绍 MPNRec 异质图新闻推荐模型；7.3 节将给出使用 MIND small 数据集比较本章提出的方法和现有方法的表现，并给出消融实验；最后在 7.4 节将对本章提出的模型进行总结和进一步的讨论。

　　在进入下一节之前，先介绍本章所使用的一些基本符号。假设在 1 个批次数据中，有 N 个用户新闻对。其中，第 i 个用户新闻对为 (u_i, m_i)，用户是否点击新闻的真实标签为 $y_i \in \{0, 1\}$，模型的目标是预测该用户点击新闻的概率 $\hat{y}_i$。

7.2 异质图新闻推荐模型

7.2.1 准备知识

图是用来表示实体及其关系的结构，一般用 $G = (V, E)$ 来表示，其中 V 表示图中顶点的集合，E 表示图中边的集合。同质图中 V 和 E 都只有一种类型。在异质图中，假设 A 和 R 分别表示节点类型集合和边类型集合，则 $|A| + |R| > 2$。相比同质图，异质图有两个独有的名词：元路径和元路径邻居。

元路径是连接两个节点的一条特定的路径。定义 $A_k \in A$ 表示长度为 $n - 1$ 跳的元路径中的第 k 个节点所属的节点类型。$R_k \in R$ 表示第 k 条边所属的边类型。定义元路径 p 为满足如下路径的一系列节点序列：

$$p: A_1 \xrightarrow{R_1} A_2 \xrightarrow{R_2} \cdots \xrightarrow{R_{n-1}} A_n. \tag{7.1}$$

实际上，上述元路径描述了 A_1 和 A_n 之间的复合关系 $R_1 R_2 \cdots R_{n-1}$，不同的元路径往往蕴含着不同的信息。以电影推荐为例，元路径"用户 → 电影 → 用户"代表了两个用户看过同一部电影，元路径"用户 → 电影 → 导演 → 电影 → 用户"则代表了两个用户看过同一个导演的电影。

元路径邻居是基于元路径形成的邻居，它扩展了同质图中邻居的概念。我们定义，对于前文所给的 p，如果节点序列 $a_1, \cdots, a_n$，满足 a_k 属于 A_k 类型，则称节点 a_n 为节点 a_1 在元路径 p 下的邻居。为方便本章节的表述，额外定义：若 $n \geqslant 3$，且节点 a_2 为特定节点 $\dot{a}$，则称 a_n 为节点 a_1 在元路径 p 下受节点 $\dot{a}$ 限制的邻居。本质上，这些邻居可以算是高阶邻居。因此在异质图中，对不同元路径下的邻居进行信息融合，可以直接获取高阶邻居信息。

7.2.2 模型简介

新闻推荐中一般可以获取到 3 方面信息：（1）用户侧信息，包括用户的年龄、性别、城市、职业等人口统计学特征与用户历史阅读、点赞、分享、评论等信息；（2）新闻侧信息，包括新闻标题、摘要、正文、作者、类别、话题等特征；（3）上下文信息，包括时间、地点、网络状况等。MPNRec 模型的输入为目标用户、目标新闻以及上述的部分相关信息。输出值的范围介于 0 与 1 之间，可看作目标用户阅读目标新闻的可能性。若有一个目标用户和多个候选新闻，可以根据输出值排序，决定新闻推荐的顺序。若有一个目标用户和一个目标新闻，可设定一个阈值，判断目标用户是否会阅读目标新闻。下面简要介绍图 7.1 展示的 MPNRec 模型的执行过程。

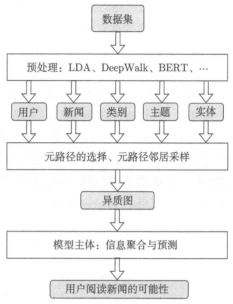

图 7.1　MPNRec 模型的执行过程

MPNRec 模型首先对输入数据进行预处理，包括使用 LDA 模型获取新闻主题，采用 DeepWalk 模型提取用户和新闻的结构特征，利用 BERT 模型提取新闻文本特征等。然后模型会根据一组预先定义的元路径进行邻居采样。在 MPNRec 模型中，用户、新闻、新闻类别、新闻主题、新闻实体等都是节点，它们之间所存在的联系是边。

MPNRec 模型先后对新闻侧信息和用户侧信息进行聚合。对不同的元路径，采取不同的聚合参数。其中，两侧信息聚合的过程并不是完全独立的，而是通过一个双向注意力机制（Bi-attention）相互关联。而后，将得到的目标用户和目标新闻的高阶邻居信息与上下文信息相拼接，通过多层感知机模型，计算用户对新闻的点击率来完成推荐。

7.2.3　节点特征准备

在对每个节点进行特征表示前，MPNRec 模型需要先进行新闻内容主题抽取、DeepWalk 预训练和文本特征抽取，以丰富模型捕捉到的信息。

（1）新闻内容主题抽取。新闻包括标题、摘要、正文等丰富的文本信息。为了进一步提炼文本内容的含义，使用 LDA 主题模型抽取文本主题。考虑到 LDA 主题模型不适用于短文本场景，因此把新闻的标题、摘要和正文拼接起来作为 LDA 模型的输入。在训练结束后，每篇新闻都对应一个主题分布，我们只保留出现概率最高的主题作为这篇新闻的主题。

（2）DeepWalk 预训练。实践证明，预训练对深度神经网络的训练大有裨益，既可以加速收敛，又可以提高最后收敛的精度。预训练获得的 Embedding 为后续的训练提供了一个很好的初值，可以有效缓解模型陷入局部最优的状况。本案例采取 DeepWalk 算法同时预训练 user 和 news 节点。首先利用 user 和 news 的阅读关系构建一个图，如图 7.2 所示。然后 DeepWalk 模型会从这个图的每个节点出发进行随机游走，得到指定长度的节点序列。随后把这些序列用 Word2vec 模型进行训练，最终得到图中每个节点的 Embedding。

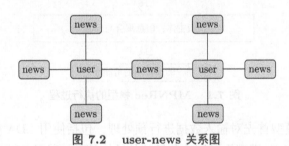

图 7.2　user-news 关系图

（3）文本特征抽取。当前抽取文本特征的方法有端到端的词向量法以及利用预训练语言模型（比如 BERT）的方法。端到端的词向量法在训练时显存占用过大，因此本案例利用预训练好的 BERT 模型抽取新闻的标题和摘要特征。值得注意的是，本案例将 BERT 倒数第 2 层的输出作为抽取的特征（768 维），这是因为最后一层和预训练任务息息相关，泛化能力不够强。另外，本案例也没有用 token CLS 的 Embedding 作为新闻的 Embedding，因为 BERT 模型并没有利用下游任务进行很好的参数选择，因此 CLS 的 Embedding 没有实际意义。

经过上述过程，模型为每个节点分配初始特征向量，不同类型的节点采取不同的初始化方式。对于新闻类别和新闻主题的向量化表示 h_{cate} 和 h_{topic}，采取随机初始化的方式，并在后续介绍的异质图模型中对它们进行训练。对于用户节点，根据图嵌入的预训练结果分配向量 h_{user}，表征用户在图上的结构信息。新闻的向量化表示 h_{news} 为两部分向量的加总：其一是由图嵌入模型得到的，新闻的向量表示；其二是由 BERT 模型得到的，文本信息的向量化表示。

7.2.4　异质邻居采样

（1）元路径选择。异质图中的元路径往往非常多，不同的元路径有不同的长度和语义信息，实践中经常需要根据人工先验知识来选择元路径。在本案例的新闻推荐场景中，在新闻侧主要考虑 3 种元路径。分别是：p_{11} : news → category → news 元路径表示两个篇新闻属于同一类别；p_{12} : news → topic → news 元路径表示两个新闻有相同主题；p_{13} : news → entity → news 元路径表示两篇新闻含有同一个实体。在用户侧，考虑 4 种元路径，分别是 p_{21} : user → news → category → news、p_{22} : user → news → topic → news、p_{23} : user → news → entity → news 和 p_{24} : user → news → user。其中，news 和 user 的联系由阅读关系建立。这 7 条元路径从不同的方面刻画新闻、用户的特征。此外，当用户-新闻关系更为重要时，可以在原模型的 7 条元路径基础上额外添加 news → user → news 元路径，成为备选模型，记为 MPNRec+。有关更高阶邻居元路径的讨论，参见消融实验部分。

（2）元路径邻居采样。对于元路径 $p : A_1 → A_2 → \cdots → A_n$，如果有异质图中节点序列 $a_1, \cdots, a_n$，满足 a_k 属于 A_k 类型，则称 $a_1, \cdots, a_n$ 为元路径 p 下的，初始节点为 a_1 的一个序列。元路径邻居采样便是通过一定的采样算法采样出一部分序列。MPNRec 模型采取随机游走的方式进行邻居采样。具体来说，假设初始节点 s_1 属于 A_1 类型，记 $N_k(s)$ 为节点 s 的一阶邻居中类型为 A_k 的节点组成的集合。要获得 s_1 在上述元路径 p 下的序列，首先从 $N_2(s_1)$ 中采样出 s_2，再从 $N_3(s_2)$ 中采样 s_3，再从 $N_4(s_3)$ 中采样 s_4，如此类推，最终得到初始节点 s_1 在元路径 p 下的一条序列：$\{s_1, \cdots, s_n\}$。则节点 s_n 为节点 s_1 在元路径 p 下的邻居。随机游走的采样方式具有采样效率高、可以并行等优点。不同元路径下的采样大小可以相同也可以不同，可以根据模型效果进行灵活调整。

7.2.5　信息聚合与预测

设新闻 m_i 在元路径 p 下的邻居集合为 $N_p(m_i)$，用户 u_i 在元路径 p 下的受节点 v 限制的邻居集合为 $N_p(u_i, v)$，用户阅读过的新闻的集合为 $N_{\text{history}}(u_i)$。信息聚合按图 7.3 中由①到⑦的顺序合并传递。下面我们将具体介绍每个部分的信息聚合方式。

①新闻侧元路径邻居信息聚合。考虑目标新闻 m_i，目的是聚合新闻 m_i 的高

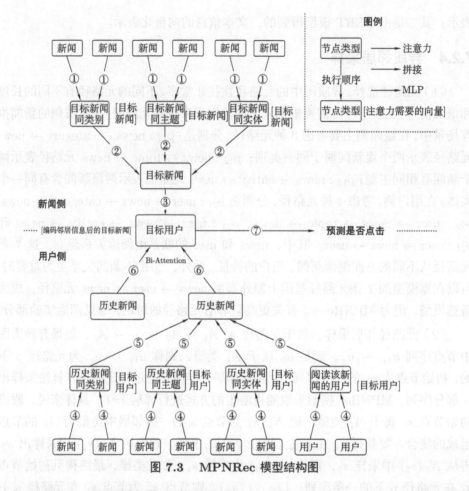

图 7.3　MPNRec 模型结构图

阶邻居信息。以新闻侧的第 2 条元路径 p_{12} : news → topic → news 为例，新闻 m_i 为元路径 p_{12} 的初始节点，topic_{m_i} 表示新闻 m_i 的主题，新闻 $j \in N_{p_{12}}(m_i)$，其中 h_{m_i}，h_j，$h_{\text{topic}_{m_i}}$ 分别表示新闻 m_i、新闻 j、主题 topic_{m_i} 的向量化表示。采用如下公式计算新闻 m_i 在元路径 p_{12} 下的向量表示 $h_{p_{12}}(m_i)$：

$$\begin{cases} h_{p_{12}}(m_i) = h_{m_i} + h_{\text{topic}_{m_i}} + \sigma\left(\sum_{j \in N_{p_{12}}(m_i)} \alpha_{m_i,j}^{(p_{12})} W_2^{(p_{12})} h_j \right), \\ \alpha_{m_i,j}^{(p_{12})} = \dfrac{\exp\left(e_{m_i,j}^{(p_{12})} \right)}{\sum\limits_{k \in N_{p_{12}}(m_i)} \exp\left(e_{m_i,k}^{(p_{12})} \right)}, \\ e_{m_i,j}^{(p_{12})} = \text{LeakyReLU}(\overrightarrow{a}^{(p_{12})} [W_1^{(p_{12})} h_{m_i} \| W_1^{(p_{12})} h_j]). \end{cases} \tag{7.2}$$

其中，σ 为激活函数，$\vec{a}^{(p_{12})}$、$W_1^{(p_{12})}$ 和 $W_2^{(p_{12})}$ 为可学习的参数。对于不同的元路径，采用不同的参数。如果部分元路径没有定义和 $h_{\text{topic}_{m_i}}$ 类似的向量，则在求和时去掉该项的影响。

②新闻侧元路径信息聚合。经过①中的步骤，可以得到目标新闻 m_i 在不同元路径下的向量表示 $h_{p_{11}}(m_i)$、$h_{p_{12}}(m_i)$ 和 $h_{p_{13}}(m_i)$。下一步便是聚合新闻 m_i 不同元路径下的向量表示，得到目标新闻 m_i 包含高阶邻居信息的最终表示 $h(m_i)$，本案例采用拼接的方式进行聚合。

$$h(m_i) = \text{concat}(h_{p_{11}}(m_i), h_{p_{12}}(m_i), h_{p_{13}}(m_i)). \tag{7.3}$$

③目标新闻向量的传递。将包含目标新闻高阶邻居信息的向量传递到目标用户节点，为后续过程做准备。

④用户侧元路径邻居信息聚合。考虑目标用户 u_i，该用户阅读过的一篇历史新闻 $v \in N_{\text{history}}(u_i)$，目的是聚合新闻 v 的高阶邻居信息。以用户侧的第 2 条元路径 $p_{22} : \text{user} \to \text{news} \to \text{topic} \to \text{news}$ 为例，topic_v 表示新闻 v 的主题，新闻 $j \in N_{p_{22}}(u_i, v)$，$h_{u_i}, h_v, h_j, h_{\text{topic}_v}$ 分别表示目标用户 u_i、历史新闻 v、新闻 j、主题 topic_v 的向量化表示。采用如下公式计算历史新闻 v 在元路径 p_{22} 下的向量表示 $h_{p_{22}}(v)$：

$$\begin{cases} h_{p_{22}}(v) = h_v + h_{\text{topic}_v} + \sigma\left(\sum_{j \in N_{p_{22}}(u_i,v)} \alpha_{v,j}^{(p_{22})} W_2^{(p_{22})} h_j\right), \\[3mm] \alpha_{v,j}^{(p_{22})} = \dfrac{\exp\left(e_{v,j}^{(p_{22})}\right)}{\sum\limits_{k \in N_{p_{22}}(u_i,v)} \exp\left(e_{v,k}^{(p_{22})}\right)}, \\[3mm] e_{v,j}^{(p_{12})} = \text{LeakyReLU}\left(\vec{a}^{(p_{22})}\left[W_1^{(p_{22})} h_{u_i} \,\big\|\, W_1^{(p_{22})} h_j\right]\right). \end{cases} \tag{7.4}$$

公式（7.4）与公式（7.2）中略有不同。这里是拿用户 u_i 的向量与 u_i 的元路径邻居向量计算注意力得分，而公式（7.2）中是拿目标新闻 m_i 的向量与其元路径邻居的向量计算注意力得分。这种不同主要是考虑到两侧信息聚合的目的不同，用户侧是用来聚合用户 u_i 高阶邻居信息，因此与目标用户 u_i 相关的新闻应该赋予更大的权重，新闻侧是用来聚合目标新闻 m_i 的高阶邻居信息，因此与新闻 m_i 相关的新闻应该赋予更大的权重。这种想法的合理之处也在实验中得到了验证。

⑤用户侧元路径信息聚合。经过④中的步骤,可以得到历史新闻 $v \in N_{\text{history}}(u_i)$ 在不同元路径下的向量表示 $h_{p_{21}}(v)$、$h_{p_{22}}(v)$、$h_{p_{23}}(v)$ 和 $h_{p_{24}}(v)$。通过拼接方式获得历史新闻 v 的最终表示如下:

$$h(v) = \text{concat}\left(h_{p_{21}}(v), h_{p_{22}}(v), h_{p_{23}}(v), h_{p_{24}}(v)\right). \tag{7.5}$$

⑥用户侧历史新闻信息聚合。经过上面几步,已经得到目标用户 u_i 的所有历史新闻的包含高阶邻居信息的向量表示。用户的历史阅读行为通常包含了用户的兴趣,因此可以通过用户阅读的新闻序列抽取用户的特征。但是不同的新闻实际上反映了用户不同的兴趣,在给用户推荐体育类新闻时,显然用户阅读历史中体育类新闻应该赋予更大的权重,军事、国际等其他类别新闻应该赋予较小的权重。为了实现这一思路采用双向注意力机制(Bi-attention)。双向注意力机制是指,当对用户 u_i 判断是否推荐新闻 m_i 时,需要参考用户 u_i 的阅读历史,其中与新闻 m_i 相近的新闻应该给予更多的关注。假设 $h(m_i)$ 表示从步骤③中获得的、目标新闻 m_i 的向量表示。则上述用户侧注意力机制可用如下公式表示:

$$\begin{cases} h(u_i) = \sigma\left(\sum_{v \in N_{\text{history}}(u_i)} \alpha_{uv} W_2^{(Bi)} h(v)\right), \\[2mm] \alpha_{uv} = \dfrac{\exp(a_{uv})}{\sum\limits_{k \in N_{\text{history}}(u_i)} \exp(a_{uk})}, \\[2mm] a_{uv} = \text{LeakyReLU}\left(\vec{a}^{(Bi)}\left[W_1^{(Bi)} h(m_i) \,\middle\|\, W_1^{(Bi)} h(v)\right]\right). \end{cases} \tag{7.6}$$

双向注意力机制对于提升模型效果有重要作用。从理论上讲,双向注意力机制实质上是协同过滤思想的一种体现。人以类聚,物以群分。如果当前给用户推荐的新闻与用户的历史兴趣符合,那么用户很可能会阅读,所以需要给予与当前新闻类似的、用户阅读过的新闻赋予更大的权重。双向注意力机制的另一个重要作用就是将 user 信息和 news 信息进行交叉融合,避免所谓的 early summarization 问题(见文献 [1])。当前的异质图推荐算法都是通过聚合邻居信息首先得到 user 和 item 的 embedding,然后再去做预测,这种简单的压缩方式实际上没有充分利用到图中的结构信息,因此模型效果都是次优的。MPNRec 通过用户邻居信息与新闻信息进行交叉融合,充分利用了信息,避免了 early summarization 问题。

⑦最终预测。在获取了目标用户 u_i 和目标新闻 m_i 包含高阶邻居信息的向量表示 $h(u_i)$ 和 $h(m_i)$ 后,就可以拼接上下文向量 context_i、目标用户本身的表示

h_{u_i}，通过多层神经网络计算预估值 $\hat{y}_i$，然后利用带权重的交叉熵损失函数进行损失的计算，使用反向传播进行模型训练。其中，ω_0 和 ω_1 为损失函数中各个类别的权重，γ 为正则化系数，W 为待训练的参数的抽象表示。模型的优化目标如下：

$$\text{Loss} = \gamma \|W\|_2 - \frac{1}{\sum_{i=1}^{N} \omega_{y_i}} \sum_{i=1}^{N} \left[\omega_1 y_i \log(\hat{y}_i) + \omega_0 (1 - y_i) \log(1 - \hat{y}_i) \right]. \tag{7.7}$$

模型的预测目标如下：

$$\hat{y}_i = MLP(x_i). \tag{7.8}$$

其中 $x_i = \text{concat}(h(u_i), h(m_i), h_{u_i}, \text{context}_i)$，MLP 表示多层感知机。和一般的深度学习方法一致，采用 BP 反向传播算法进行求解。

7.3　实例应用

7.3.1　数据集与对比模型

为了验证上文提出的 MPNRec 模型在新闻推荐中的效果，使用 MIND small 数据集⊖进行实验。MIND small 是在 MIND 上随机抽取 50000 位用户形成的数据，并且已经被划分为训练集和测试集。根据微软在 MIND 官网提供的评价方式，采取 uAUC，MRR，NDCG@5，NDCG@10 几个指标来衡量模型效果。

为了评估模型效果，本案例将 MPNRec 模型和如下 7 种常用的推荐模型进行对比。

Wide-Deep 模型（见文献 [2]）。该模型包括 wide 和 deep 两部分架构，wide 部分的输入包括原始特征和组合特征，deep 部分的输入是分类型变量经过 Embedding 层得到低维稠密向量表示，两部分结合起来对 CTR 进行估计。

DIN 模型（见文献 [3]）。该模型利用注意力机制将用户历史交互的每个 item 赋予不同的权重，而不是简单求和和聚合。

NRMS 模型（见文献 [4]）。该模型使用 end2end 的方式编码用户向量和新闻向量，可以利用更为细粒度的文本特征。该模型主要分为两个部分，一部分是 news encoder，另一部分是 user encoder。News encode 部分主要是利用多头自注

⊖　https://msnews.github.io/index.html

意力机制编码新闻文本信息，得到新闻的向量化表示。User encoder 从用户历史行为序列中获取用户的向量化表示。

MEIRec 模型（见文献 [5]）。该模型是异质图推荐领域的经典算法，并且已经在淘宝首页落地。模型中考虑使用用户、商品、查询三方面的信息进行意图推荐。

GERL 模型（见文献 [6]）。该模型基于用户-新闻二部图进行新闻推荐，利用 transformer 提取新闻的文本特征，并采用注意力机制聚合了更高阶的信息，从而提高了用户与新闻之间的学习能力。

GNewsRec 模型（见文献 [7]）。该模型提出结合用户的长期兴趣和短期兴趣做出推荐，其从用户嵌入中学习用户的长期表示，通过 LSTM 从用户最近浏览的新闻中学习短期表示，最终将两者拼接并通过 MLP 得到用户最终表示。

GNUD 模型（见文献 [8]）。该模型考虑用户的潜在偏好因素以增强图嵌入表示的表达性和可解释性，具体为通过在损失函数中加入特殊设计的正则化项使训练得到的表示空间由多个分离的子空间组成，每个子空间独立地反映一个单独的偏好。

7.3.2 实验结果

1. 模型训练

对于 MIND small 数据集，LDA 的主题数为 30 个。将 MPNRec 模型的学习率在 10^{-6} 到 10^{-3} 之间选择，最终使用的学习率为 $5×10^{-5}$。在训练时每个正例配有 20 个负例，设置损失函数的权重 $\omega_0 = 0.05$，$\omega_1 = 1$，每次迭代考虑 256 条用户行为记录。

2. 测试结果

表 7.1 展示了 MPNRec 及其对比模型在 MIND small 数据集上的推荐效果。考虑到 news → user → news 元路径也是之前文献中经常采用的信息，因为本案例在 MPNRec 原始模型基础上添加 news → user → news 元路径，作为另一个备选模型，记为 MPNRec+。其中，对比模型 Wide-Deep、NRMS、DIN 和 MEIRec，利用预训练模型 BERT 进行增强，GERL、GNewsRec 和 GNUD 按照原论文的配置进行建模。

通过观察表 7.1 可以看到，在 MIND small 数据集上，本案例提出的 MPNRec 模型在 4 个指标上都优于对比模型。

表 7.1　MIND small 数据集上的模型效果对比

模型	uAUC	MRR	nDCG@5	nDCG@10
Wide-Deep	65.96	32.41	35.59	41.65
NRMS	67.10	32.31	35.55	41.64
DIN	67.32	32.97	36.32	42.40
MEIRec	66.43	32.87	36.07	42.25
GERL	51.17	19.08	20.93	26.89
GNewsRec	50.75	13.14	15.22	18.43
GNUD	53.18	15.37	18.13	22.53
MPNRec	**68.72**	**33.95**	**37.65**	**43.65**
MPNRec+	**68.44**	**33.84**	**37.41**	**43.48**

对比模型 Wide-Deep，DIN 和 NRMS 效果相差不大，说明这些传统深度学习模型对信息的挖掘利用能力相近，所以限制模型效果最主要的因素在于传统深度学习模型只利用了节点自身以及一阶邻居信息，而异质图模型 MPNRec 利用了多种注意力机制编码高阶邻居信息，因此效果更好。

备选模型 MPNRec+ 也优于其他对比模型，但略比 MPNRec 模型差。这是因为 MIND small 数据集更强调对新闻文本内容的深入挖掘，基于用户-新闻关系的方法在此数据集上用处不大。依赖用户-新闻关系的方法 GERL、GNewsRec、GNUD 在此数据集上遭遇滑铁卢。

3. 消融实验

本案例以 MIND small 数据为例进行消融实验，设计了模块消融实验、元路径消融实验和异质消融实验 3 部分。

（1）模块消融实验

这部分考察 3 种情况。①去除 DeepWalk 预训练模型，观察其对模型的影响。②MPNRec 模型在目标用户历史新闻节点上，使用目标用户的向量设计注意力机制。本消融实验将目标用户的向量表示替换为历史新闻的向量表示，以说明该设计的必要性。③针对双向注意力机制做消融实验，将该部分的聚合机制改为不含有注意力机制的 GraphSAGE，观察模型效果。具体的消融实验结果见表 7.2。可以看到，去掉该模块后，MPNRec 模型的效果都有不同程度的下降，这说明 3 个模块都能对模型的效果带来提升。

（2）元路径消融实验

本案例考虑在 MPNRec 模型中删除部分元路径信息，这样既可以看出使用元路径的必要性，也能在一定程度上说明各个元路径代表的异质特征的影响程度。

具体实验结果见图 7.4。从实验结果中可以看出，使用这些元路径有其必要性，去掉元路径会降低预测效果。对比不同元路径的影响程度，可以看到，有类别或实体的元路径影响较大，有主题的元路径影响较小。

表 7.2　模块消融实验结果

模型	uAUC	MRR	nDCG@5	nDCG@10
MPNRec	**68.72**	**33.95**	**37.65**	**43.65**
MPNRec①p	68.27	33.81	37.48	43.43
MPNRec②p	68.59	33.91	37.55	43.56
MPNRec③p	68.06	33.45	37.06	42.98

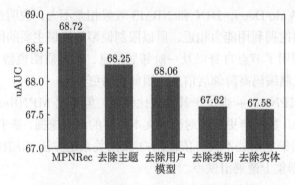

图 7.4　去掉各个元路径的消融实验结果

进一步考察更长元路径对于模型效果的提升作用。为此，在 MIND small 数据集上考虑元路径 news → user → news → user → news，观察使用更长的元路径是否会带来性能上的提升。根据表 7.3 的实验结果可知，使用更长的元路径并没有带来模型效果的显著提升，而且在各个指标上反而略有下降，这可能与图神经网络的过平滑问题有关。同时，增加元路径的长度还会进一步提升计算量。因此在 MPNRec 模型上并不建议继续增加元路径长度。

表 7.3　元路径消融实验结果

模型	uAUC	MRR	nDCG@5	nDCG@10
MPNRec	**68.72**	**33.95**	**37.65**	**43.65**
MPNRec 加元路径	68.22	33.82	37.32	43.44

（3）异质消融实验

为了证明特征中确实存在异质性，我们设计了异质消融实验。在之前提到，对于不同的元路径，采用不同的参数。为了证明这种做法的必要性，在消融实验中令不同的元路径采取相同的参数，并对比模型效果。根据表 7.4 的实验结果显示，在 MIND small 数据集上，同质化的 MPNRec 模型在各个指标上的表现都变差了，这说明利用异质性能提升模型效果。

表 7.4 异质消融实验结果

模型	uAUC	MRR	nDCG@5	nDCG@10
MPNRec	**68.72**	**33.95**	**37.65**	**43.65**
同质化 MPNRec	67.92	33.72	37.21	43.25

7.4 讨论

本章介绍了异质图推荐模型 MPNRec 模型。MPNRec 模型通过元路径以及各种注意力机制更加有效的聚合高阶邻居信息。其对于文本信息的挖掘利用更为充分，通过独特的双向注意力机制有效融合用户向量和新闻向量，避免了 early summarization 问题。并且 MPNRec 采用了随机游走的邻居序列采样方式，能够高效进行邻居采样，保证了模型能够高效率运行。MPNRec 在 MIND small 新闻推荐数据集上效果要明显优于传统深度学习推荐模型和异质图推荐模型。此外，本案例还通过设计模块消融实验、元路径消融实验和异质消融实验，验证了 MPNRec 模型中不同模块和元路径的设计以及异质性信息的考察对于实验结果的影响。

本章所给案例仍然存在一些不足，未来可以进一步研究。首先，元路径的数量需要人工限定，未来可以尝试采用强化学习的方式选择元路径类型并实现完全的端到端训练。另外，模型的推荐效果可以在更加复杂的真实业务场景中进一步检验。最后，实际业务中由于异质图网络节点之间关系更为复杂，用户与新闻之间不仅有阅读关系还有点赞、分享、收藏等各种复杂关系，这些都为模型提供了进一步改善的空间。

参考文献

[1] QU Y, BAI T, ZHANG W, et al. An end-to-end neighborhood-based interaction model for knowledge-enhanced recommendation[C]//Proceedings of the 1st international workshop on deep learning practice for High-dimensional sparse data. 2019: 1-9.

[2] CHENG H T, KOC L, HARMSEN J, et al. Wide & deep learning for recommender systems[C]//Proceedings of the 1st workshop on deep learning for recommender systems. 2016: 7-10.

[3] ZHOU G, ZHU X, SONG C, et al. Deep interest network for click-through rate prediction[C]//Proceedings of the 24th ACM SIGKDD international conference on knowledge discovery & data mining. 2018: 1059-1068.

[4] WU C, WU F, GE S, et al. Neural news recommendation with multi-head self-attention[C]//Proceedings of the 2019 conference on empirical methods in natural language processing and the 9th international joint conference on natural language processing (EMNLP-IJCNLP). 2019: 6390-6395.

[5] FAN S, ZHU J, HAN X, et al. Metapath-guided heterogeneous graph neural network for intent recommendation[C]//Proceedings of the 25th ACM SIGKDD international conference on knowledge discovery & data mining. 2019: 2478-2486.

[6] GE S, WU C, WU F, et al. Graph enhanced representation learning for news recommendation[C]//Proceedings of the web conference 2020. 2020: 2863-2869.

[7] HU L, LI C, SHI C, et al. Graph neural news recommendation with long-term and short-term interest modeling[J]. Information Processing & Management, 2020, 57(2): 102142.

[8] HU L, XU S, LI C, et al. Graph neural news recommendation with unsupervised preference disentanglement[C]//Proceedings of the 58th annual meeting of the association for computational linguistics. 2020: 4255-4264.

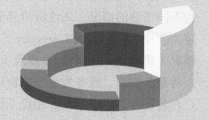

第 **8** 章

基于多层级信息的
多模态属性级情感
分析模型

8.1 基本概念与符号

在情感分析领域中，具有细粒度预测性质的属性级情感分析任务在工业界有着非常广泛的应用场景。传统情感分析任务的目标是预测给定样本的整体情感倾向（积极/中立/消极），忽略了样本的情感表达对象以及样本可能对多个对象表达不同情感的情况。属性级情感分析任务则考虑将场景中所关注的属性或实体设定为属性类（Aspect Category），然后预测给定样本在各个属性类上的观点表达情况（积极/中立/消极/未提及）。以餐馆点评场景为例，属性级情感分析任务可以将菜品口味、服务质量、餐馆环境等属性设为属性类，根据用户评价来推断用户在各属性上的满意度。相比于传统情感分析任务，属性级情感分析能够从用户推文、用户评价等源信息中挖掘出针对特定对象的情感态度，从而为企业与平台的分析决策提供细粒度的观点信息。

早期的情感分析研究主要聚焦文本模态数据。然而，随着越来越多的用户生产内容以多模态形式进行呈现（例如：文字 + 图片；文字 + 视频），针对多模态数据的情感分析任务也逐渐受到研究人员的重视。本章所聚焦的图文多模态情感分析中，多模态数据中的图片通常能够提供文本中不具有的额外信息，为文本所传达的内容补充细节；或是为文本内容补足语境信息，对文本所表达的观点进行明确与纠正。以新浪微博场景为例，许多用户会在微博发文中使用文字来表达对某件事物的情感与态度，并配合图片来指明情感态度所指向的具体情境或对象。因此，相较于纯文本数据，多模态数据往往能够传递更加丰富的信息与更加精确的情感，为情感分析与观点挖掘任务提供更具表达能力的特征。

用户评论的属性级情感分析（Aspect Category Sentiment Analysis，简称 ACSA）是一个基础且具有挑战性的任务，吸引了学术界和工业界的关注（见文献 [1]，[10]），其目标是识别文本中提到的所有属性级及其对应的情感极性。例如，对于一条评论"尽管这个地方很小，但是鱼非常好吃。"ACSA 任务就是推断出关于属性级环境的情感极性是负面的，而关于属性级食物的情感则是正面的。

令 $D = \{X_1, X_2, \cdots, X_n\}$ 为一个数据集，其中 $X_i = \{T_i, I_i\}$ 表示数据集中的第 i 个多模态样本。$T_i = \{w_{(i,1)}, w_{(i,2)}, \cdots, w_{(i,k)}\}$ 代表文本内容，其中 k 是文本中的词数。I_i 表示样本 X_i 的图片。我们定义一组预定义的属性为 $A = \{a_1, a_2, \cdots, a_m\}$，和一系列的情感标签为 $P = \{p_1, p_2, \cdots, p_q\}$，其中 m 代表预定义属性的数量，q 是情感倾向的维度。

因此，ACSA 问题可以定义如下：给定一个数据集 D、一组预定义的属性 A

和一系列情感标签 P，任务是开发一个多模态联合模型，该模型可以在多模态场景中联合执行属性检测和属性情感分类，以进行属性级情感分析。

ACSA 任务通常分为两个子任务：属性类检测（Aspect Category Detection，简称 ACD）和属性情感分类（Aspect Sentiment Classification，简称 ASC）。ACD 在文本中检测属性级：构建一个映射函数 $F_{ACD}(X_i, a_j) = r_{ij}$ 为样本 X_i 和属性 a_j，其中 $r_{ij} \in \{\text{Relevant}, \text{Irrelevant}\}$。ASC 构建一个映射函数来预测情感倾向 $F_{ASC}(X_i, a_j | r_{ij} = \text{relevant}) = s_{i,j}$，其中 $s_{i,j} \in \{p_1, p_2, \cdots, p_q\}$。

8.2　基于多层级信息的多模态属性级情感分析模型

8.2.1　基础模型

联合模型（Joint Model，文献 [4]）是针对文本模态提出的属性级情感分析模型，主要采用了层次分类的建模方式，分别为属性类探测任务（简称 ACD 子任务）与属性情感分类任务（简称 ASC 子任务）构建子网络，基于多任务学习的思想来对两个子任务进行联合建模，以完成属性级情感分析的工作。Joint Model 模型的网络结构如表 8.1 所示，整体上由嵌入层（Embedding Layer）、Bi-LSTM 层（Bi-LSTM Layer）、属性注意力层（Aspect Attention Layer）、情感注意力层（Sentiment Attention Layer）、共享情感预测层（Shared Sentiment Prediction Layer）以及属性预测层（Aspect Prediction Layer）6 个部分组成。其中，嵌入层与 Bi-LSTM 层构成基础的文本特征提取模块、属性注意力层与属性预测层构成 ACD 子网络、情感注意力层与共享情感预测层构成 ASC 子网络。

表 8.1　联合模型的网络结构

ID	组件	模块
1	嵌入层	特征提取
2	Bi-LSTM 层	
3	属性注意力层	ACD 子网络
4	属性预测层	
5	情感注意力层	ASC 子网络
6	共享情感预测层	

联合模型（见图 8.1）利用预训练词向量构建嵌入层，为输入文本内容（X）生成相应的词嵌入。然后将词嵌入输入 Bi-LSTM 网络以获得包含上下文语义信息的文本隐藏向量（h），这些共同作为后续 ACD 和 ASC 子网络的文本特征。

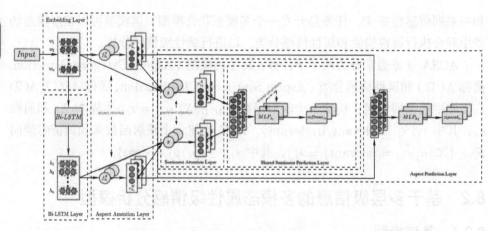

图 8.1　联合模型结构

在 ACD 子网络中，联合模型分别针对词嵌入（X）并使用属性注意力层（表示为 $f_{A_i}^X$ 和 $f_{A_i}^H$）为预定义属性集中的每个属性生成一组权重参数。注意力机制使用的查询向量和权重矩阵等参数由模型当前针对的属性 A_i 决定。同样，联合模型在 ACD 子网络中设计了属性预测层（表示为 MLP_{A_i}），权重参数由针对的属性 A_i 决定。在 ACD 子网络的前向计算过程中，联合模型首先使用来自方面注意力层的特征（$v_{A_i}^X$ 和 $v_{A_i}^H$）提取当前属性 A_i 的最相关信息。然后将这些特征输入到相应的属性预测层以预测样本与当前属性 A_i 的相关性。

在 ASC 子网络中，联合模型基于缩放点积注意力机制（见文献 [8]）设计了情感注意力层（表示为 g）和所有属性共享的共享情感预测层（表示为 MLP_S）。在 ASC 子网络的前向计算过程中，联合模型首先基于情感注意力层计算查询向量（$v_{S_i}^X$ 和 $v_{S_i}^H$），使用来自 X 和 H 的特征从当前属性 A_i 中提取最相关的情感信息。然后将这些特征输入到共享情感预测层以计算样本中当前属性 A_i 表达的情感倾向。

8.2.2　多模态联合模型

本章介绍多模态联合模型（Multi-Modal Joint Model, MJM）用于多模态场景中的属性级情感分析，该模型利用多任务学习的思想，共同建模属性检测任务和属性情感分类任务。MJM 模型引入了来自不同模态的多层次信息，使得在多模态场景中能够进行详细信息的挖掘。此外，MJM 模型基于 ACD 和 ASC 子任务的特点，利用不同层次的多模态特征进行推理，细化了多层次信息的利用。另外，MJM 模型为 ACD 和 ASC 子网络设计了相应的多模态融合结构，以捕捉不同层次上多模态特征的信息交换。

MJM 模型的网络结构如图 8.2 所示，该模型主要包括 3 个部分：特征提取模块、ACD 子网络和 ASC 子网络。本章将讨论 MJM 模型的设计动机，并详细介绍 MJM 模型的 3 个组成部分。

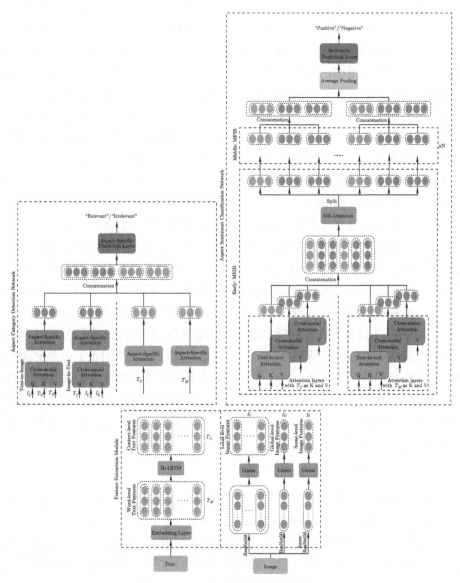

图 8.2　MJM 模型的网络结构

本节关注两个关键问题:"为什么使用多层次信息"和"如何引入多层次信息",以阐明多模态联合模型的核心设计动机。在多模态场景中,文本和图像模态存在多层次信息。尽管同一模态内的多层次信息描述的是相同的模态内容,但不同层次的特征具有不同的描述角度和焦点,提供了更详细的信息。对于文本模态,本章提出的 MJM 模型引入了词级文本特征和上下文级文本特征。词级文本特征由文本中所有单词的初始词嵌入组成,主要描述词汇信息。上下文级文本特征指的是将初始词嵌入输入到 Bi-LSTM 网络或自注意力层后获得的文本隐藏向量。与初始词嵌入相比,文本隐藏向量将每个单词本身的信息与文本中其他单词的信息相联系,从而更好地描述整个文本的上下文环境。对于图像模态,考虑 3 个层次的图像特征:全局级、场景级和局部级。全局级图像特征通常指的是由图像模型顶部全连接层生成的图像隐藏向量,是一种高级特征,整合了原始图像中所有局部视觉信息。场景级图像特征类似于全局级图像特征,但更侧重于描述原始图像中场景的视觉信息。局部级图像特征通常来源于图像模型卷积层生成的特征图,是描述原始图像不同局部区域的低级信息。

在情感分析领域,文本模态通常是语义信息的主要提供者。因此,本章将文本模态视为基础模态,将文本模态内的词级文本特征和上下文级文本特征作为基础特征,并引入模型的 ACD 和 ASC 子网络。与文本模态相比,图像模态信息通常在与文本结合表达更准确内容时扮演辅助角色。因此,本章将图像模态视为辅助模态,并根据 ACD 和 ASC 子任务的特点为相应的子网络引入不同层次的图像特征。ACD 子任务旨在预测样本是否与特定属性相关联,这个任务对样本中直接与特定属性相关的细节特征十分敏感。因此,ACD 子网络引入了包含更多局部细节语义的局部级图像特征。ASC 子任务旨在预测样本对特定属性表达的情感态度。与 ACD 子任务相比,ASC 子任务需要全面理解整个样本的上下文内容以做出准确的情感判断。因此,本文为 ASC 子网络引入了更好表达全局抽象语义的全局级图像特征和场景级图像特征。

1. 特征提取模块

特征提取模块在从样本的文本和图像中提取多层次的多模态特征以供 ACD 和 ASC 子网络使用。特征提取模块的结构在图 8.2 的下部分展示。

为了从样本文本 T 提取特征,特征提取模块首先利用基于预训练的 GloVe 词向量(见文献 [5])的词嵌入层生成所有单词的词嵌入,得到词级文本特征 T_W。随后,特征提取模块将 T_W 输入到 Bi-LSTM 网络(见文献 [2])中,以捕捉每个单词及其上下文内容之间的语义联系，生成文本隐藏向量作为上下文级文本特征 T_C。提取文本特征的过程数学上可以表示为：

$$T_W = \text{Glove}(T), \tag{8.1}$$

$$T_C = Bi - \text{LSTM}(T_W). \tag{8.2}$$

为了从样本图像 I 中提取图像特征，特征提取模块利用在 Places365 数据集上预训练的 ResNet50 模型（见文献 [3]）和 Scene-ResNet50 模型来提取不同层次的图像特征。具体来说，特征提取模块移除了 ResNet50 模型顶部的预测层，以获得描述全局图像信息的全局级图像特征 I_G。选取 ResNet50 模型最后一个卷积模块计算出的特征图作为局部级图像特征 I_L，描述局部视觉区域。同样，通过移除 Scene-ResNet50 模型的预测层，提取描述图像场景信息的场景级图像特征，并表示为 I_S。此外，提取的 3 个层次的图像特征被输入到相应的线性层进行转换，使它们的维度与文本特征 T_W 和 T_C 对齐，以确保一致性。图像特征的提取过程可以数学上表示为如下：

$$I_G = \text{Linear}_G(\text{ResNet50}(I)), \tag{8.3}$$

$$I_L = \text{Linear}_L(\text{ResNet50}(I)), \tag{8.4}$$

$$I_S = \text{Linear}_S(\text{Scene} - \text{ResNet50}(I)). \tag{8.5}$$

2. 属性探测模块

ACD 子任务的目标是预测样本与特定属性之间的关联。具体来说，给定一个样本 X 和在某些条件下的属性 a，ACD 子网络利用来自词级文本特征 T_W、上下文级文本特征 T_C 和局部级图像特征 I_L 的特征信息，来确定样本与属性之间的相关性，表示为 $r \in \{\text{Relevant}, \text{Irrelevant}\}$。

如图 8.2 左上部分所示，ACD 子网络的结构通常由 3 部分组成：文本计算流程（右侧）、多模态计算流程（左侧）和相关性预测（顶部）。

（1）文本计算流

文本计算流程负责提取与指定属性 a 相关的文本特征 T_W 和 T_C。具体来说，本章采用了面向方面的特定注意力机制，它针对不同属性使用不同的注意力参数，从文本特征 T_W 和 T_C 中提取信息，分别得到面向特定方面的文本特征 $T_{W,a}$ 和 $T_{C,a}$。文本计算流的计算过程可以数学上表示如下：

$$T_{W,a} = \text{Aspect} - \text{Specific Attention}_{T_W, \text{Aspect}=a}(T_W) \tag{8.6}$$

$$T_{C,a} = \text{Aspect} - \text{Specific Attention}_{T_C, \text{Aspect}=a}(T_C) \tag{8.7}$$

Aspect-Specific Attention 的计算细节如下：

$$y_a = \text{Aspect} - \text{Specific Attention}_{\text{Aspect}=a}(X) = \sum_{i=1}^{n} \alpha_i x_i \tag{8.8}$$

$$h_i = \tanh(W_a * x_i + b_a), \quad i = 1, 2, \cdots, n \tag{8.9}$$

$$\alpha_i = \text{softmax}(h_i * q_a), \quad i = 1, 2, \cdots, n \tag{8.10}$$

其中，W_a 和 b_a 是当前指定属性 a 对应的权重参数，q_a 是属性 a 对应的可学习查询向量。

（2）多模态计算流

多模态计算流程负责从融合的文本特征 T_C 和图像特征 I_L 中提取与当前指定属性 a 相关的多模态信息。

多模态计算流程的第 1 步是执行多模态融合。为此，采用 MuLT 模型提出的跨模态注意力机制（见文献 [7]），该机制捕捉文本和图像模态内每个局部区域的详细信息。为了确保文本和图像模态的细节元素之间的对齐，应用 MuLT 模型的跨模态注意力机制。该机制的核心是 Transformer 模型提出的多头注意力机制（见文献 [8]）。跨模态注意力机制将要融合的两种模态分别定义为目标模态和源模态。目标模态的特征被用作查询矩阵，而源模态的特征被用作键和值矩阵进行多头注意力计算。通过利用多头注意力，跨模态注意力机制将目标模态中的每个特征向量与源模态中相关的特征向量关联起来，从而实现从源模态到目标模态（源到目标）的定向多模态交互。在这里的多模态融合工作中，本文提出的模型从文本到图像和图像到文本两个方向执行跨模态注意力机制计算，以生成融合特征，分别表示为 $M_{T \Rightarrow I}$ 和 $M_{I \Rightarrow T}$。多模态融合的计算过程数学上可以表示为如下：

$$M_{T \Rightarrow I} = \text{Cross} - \text{modal}_{T \Rightarrow I}(Q = I_L, K = T_C, V = T_C), \tag{8.11}$$

$$M_{I \Rightarrow T} = \text{Cross} - \text{modal}_{I \Rightarrow T}(Q = T_C, K = I_L, V = I_L). \tag{8.12}$$

跨模态注意力的计算细节如下：

$$Y = \text{Cross} - \text{modal}(Q = X_Q, K = X_K, V = X_V), \tag{8.13}$$

$$R = \text{LayerNorm}(X_Q + \text{Multi} - \text{Head}(X_Q, X_K, X_V)), \tag{8.14}$$

$$Y = \text{LayerNorm}(R + FFN(R)). \tag{8.15}$$

有关多头注意力机制和 FFN 层的计算细节，请参考 Transformer 模型（见文献 [8]）。

多模态计算流程的第 2 个任务是从融合特征 $M_{T \to I}$ 和 $M_{I \to T}$ 中提取与当前指定属性 a 相关的多模态信息。这个任务类似于文本计算流程，整合特征 $M_{T \to I}$ 和 $M_{I \to T}$ 来使用相应的方面特定注意力机制提取面向特定方面的多模态特征，分别表示为 $M_{T \to I, a}$ 和 $M_{I \to T, a}$。多模态信息提取的计算过程可以数学上表示如下：

$$M_{T \Rightarrow I, a} = \text{Aspect} - \text{Specific}_{M_{T \Rightarrow I}, \text{Aspect} = a}(M_{T \Rightarrow I}) \tag{8.16}$$

$$M_{I \Rightarrow T, a} = \text{Aspect} - \text{Specific}_{M_{I \Rightarrow T}, \text{Aspect} = a}(M_{I \Rightarrow T}) \tag{8.17}$$

（3）相关性预测

相关性预测任务旨在基于从文本计算流程和多模态计算流程提取的注意力信息，预测样本与当前指定属性之间的关系，相关性表示为 $r \in \{\text{Relevant}, \text{Irrelevant}\}$。具体来说，相关性预测部分首先从文本计算流程 $T_{W,a}$ 和 $T_{C,a}$ 提取文本注意力信息，以及从多模态计算流程 $M_{T \to I, a}$ 和 $M_{I \to T, a}$ 提取多模态注意力信息，并将它们结合起来，获取表示样本中当前指定属性的相关多模态信息的面向特定方面的多模态特征，表示为 $M_a = [T_{W,a}; T_{C,a}; M_{T \to I, a}; M_{I \to T, a}]$。最后，将 M_a 输入到当前属性 a 对应的面向特定方面的预测层中进行相关性预测。相关性预测的计算过程数学上可以表示为：

$$M_a = [T_{W,a}; T_{C,a} \, M_{T \to I, a}; M_{I \to T, a}], \tag{8.18}$$

$$r = \text{Sigmoid}(W_{ACD,a} M_a + b_{ACD,a}). \tag{8.19}$$

其中，$W_{ACD,a}$ 和 $b_{ACD,a}$ 是当前指定属性 a 对应的预测层参数。

3. 属性情感分类网络

ASC 子任务的目标是预测样本对特定属性表达的情感倾向。给定一个样本 X 和在某些条件下的属性 a，ASC 子网络利用特征信息来确定样本对属性表达的情感态度，表示为 $p \in \{\text{Positive}, \text{Negative}\}$。本章提出的 MJM 模型在 ASC 子网络中融合了 4 个特征，即词级文本特征 T_W、上下文级文本特征 T_C、全局级图像特征 I_G 和场景级图像特征 I_S，用于预测情感倾向。

如图 8.2 右上部分所示，ASC 子网络结构由两部分组成：下部的多层特征交互块（MFIB）和顶部的情感倾向预测（平均池化和情感预测层）。MFIB 模块是 ASC 子网络的核心组件，它与不同层次的多模态特征交互并提取与特定属性相关的情感信息。因此，本节将详细介绍 MFIB 模块，并阐述 ASC 子网络的整体计算过程。

MFIB 模块是不同基础注意力模块的综合体，包括文本到文本注意力、跨模态注意力和自注意力，它在从多模态样本中无缝集成和提取情感信息中扮演着关键角色。MFIB 模块的核心功能依赖于文本到文本注意力和跨模态注意力机制的协同使用，使得在多个层次上能够动态地交互不同模态特定信息。这一交互过程是识别和隔离样本中嵌入的情感信息的关键步骤。

随后，模块利用自注意力机制有效地整合这些交互的结果，从各种层次的特征中提炼。通过这种整合，模块强调了当前属性规范与相关情感信息之间的关联，从而增强了识别和解读相关情感线索的能力。通过巧妙地结合这些注意力机制，MFIB 模块展现出了在多模态样本中和谐、提炼和放大情感信息的复杂能力，使其成为情感分析和理解的有力工具。MFIB 模块的架构包括 3 个主要组成部分：基于 T_W 的交互计算流程（右侧）、基于 T_C 的交互计算流程（左侧）和情感信息集成（顶部）。

基于 T_W 的交互计算流程负责管理词级文本特征（T_W）及其与全局级图像特征（I_G）和场景级图像特征（I_S）的交互。在这个计算流中，使用了 3 种不同的注意力机制：一个文本到文本注意力机制和两个跨模态注意力机制。所有 3 种机制都依赖于 T_W 的键和值矩阵；然而，它们使用针对不同特征信息的查询向量来指导注意力计算。T_W 流中的文本到文本注意力机制促进了词级文本特征的动态交互和融合，而跨模态注意力机制使得词级文本特征能够与全局级图像特征和场景级图像特征进行集成和交互。这些跨模态和层次的交互在提取和整合输入样本中包含的情感信息中起着关键作用。与基于 T_W 的交互计算流程并行，基于 T_C 的交互计算流程在另一条路径上操作。然而，T_C 流的具体细节和功能组件在这个上下文中没有详细说明。

最后，在图 8.2 的顶部，通过使用自注意力机制描绘了情感信息集成过程。这种机制通过整合交互计算流的结果，使得相关情感信息得以聚合和突出，从而促进了对分析样本中情绪的全面和综合理解。MFIB 模块的结构精心设计，利用多种注意力机制，有效地交互和整合文本和图像的多样特征，以从多模态样本中提取、分析和集成情感信息。

$$S_{W,1} = \text{Texttotext Attention}_W(Q = Q_{W,1}, K = T_W, V = T_W), \tag{8.20}$$

$$S_{W,2} = \text{Cross-modal Attention}_{W,Global}(Q = Q_{W,2}, K = T_W, V = T_W), \tag{8.21}$$

$$S_{W,3} = \text{Cross-modal Attention}_{W,Scene}(Q = Q_{W,3}, K = T_W, V = T_W). \tag{8.22}$$

基于 T_C 的交互计算流程负责管理上下文级文本特征 T_C 的文本信息，并与来自全局级图像特征 I_G 和场景级图像特征 I_S 的图像信息进行交互。与基于 T_W 的交互计算流程类似，基于 T_C 的交互计算流程也包括一个文本到文本的注意力机制和两个跨模态注意力机制，所有这些都使用 T_C 作为键和值矩阵，但使用不同的查询向量。

文本到文本注意力机制的查询向量，表示为 $Q_{C,1}$，主要对应于 T_C 媒介和与当前指定属性 a 相关的语义信息。两个跨模态注意力机制的查询向量，分别表示为 $Q_{C,2}$ 和 $Q_{C,3}$，分别对应于全局级图像特征的全局视觉信息和场景级图像特征的场景视觉信息。与基于 T_W 的交互计算流程类似，基于 T_C 的交互计算流程也通过 3 种注意力机制生成文本情感特征 $S_{C,1}$，多模态情感特征 $S_{C,2}$ 和多模态情感特征 $S_{C,3}$。

基于 T_C 的交互计算流程的计算过程可以数学上表示如下：

$$S_{C,1} = \text{Texttotext Attention}_C(Q = Q_{C,1}, K = T_C, V = T_C), \tag{8.23}$$

$$S_{C,2} = \text{Cross-modal Attention}_{C,Global}(Q = Q_{C,2}, K = T_C, V = T_C), \tag{8.24}$$

$$S_{C,3} = \text{Cross-modal Attention}_{C,Scene}(Q = Q_{C,3}, K = T_C, V = T_C). \tag{8.25}$$

情感信息集成部分负责交换和组合上述两个交互计算流程生成的情感特征，强调它们与当前指定属性 a 的相关性。具体来说，情感信息集成部分首先使用两个计算流程生成的情感特征组成特征矩阵 S，表示为 $S_{W,1}, S_{W,2}, S_{W,3}, S_{C,1}, S_{C,2}$ 和 $S_{C,3}$。随后，将特征矩阵 $\boldsymbol{S}$ 输入到自注意力层进行处理，以实现特征信息的重组。最后，重组后的特征矩阵被分解为 6 个情感特征，表示为 $O_{W,1}, O_{W,2}, O_{W,3}$ 和 $O_{C,1}, O_{C,2}, O_{C,3}$，这些作为 MFIB 模块的输出。

情感信息集成的计算过程可以数学上表示如下：

$$O_W = [W_{W,1}; O_{W_2}; O_{W,3}], O_C = [O_{C,1}; O_{C,2}; O_{C,3}], \tag{8.26}$$

$$O = \text{AvgPool}(O_W, O_C) = \left[\frac{(O_{W,1} + O_{C,1})}{2}; \frac{(O_{W,2} + O_{C,2})}{2}; \frac{(O_{W,3} + O_{C,3})}{2} \right], \tag{8.27}$$

$$p = \text{sigmoid}(W_{ASC} + b_{ASC}). \tag{8.28}$$

其中，W_{ASC} 和 b_{ASC} 作为情感预测层的权重参数，所有属性将共享该预测层的参数。

4. 目标函数

对于给定的样本 $X = (T, I)$ 和一组属性 A，它们之间的相关性表示为 r，其中 $r = 1$ 表示样本与当前属性相关联，$r = 0$ 表示样本与当前属性无关。当样本 X 与属性 a 存在关联时（即 $r = 1$），样本对当前属性表达的情感倾向表示为 p，其中 $p = 1$ 表示正面情感倾向，$p = 0$ 表示负面情感倾向。模型 ACD 子网络预测的相关性表示为 $\hat{r}$，其中 $\hat{r} = \hat{P}(\text{Sample } X \text{ is relevant to Aspect } a)$。同样，模型 ASC 子网络预测的情感倾向表示为 $\hat{p}$，其中 $\hat{p} = \hat{P}(\text{Sample } X \text{ expresses positive sentiment on Aspect } a)$。

本节使用标准的交叉熵损失函数，基于样本 X 和属性 a 计算 ACD 子任务损失和 ASC 子任务损失。整体 ACSA 任务的目标函数是基于 ACD 子任务和 ASC 子任务损失构建的。目标函数数学上可以表示为：

$$\text{Loss}_{ACD} = -\left[r \log \hat{r} + (1 - r) \log(1 - \hat{r})\right], \tag{8.29}$$

$$\text{Loss}_{ASC} = -\left[p \log \hat{p} + (1 - p) \log(1 - \hat{p})\right], \tag{8.30}$$

$$\text{Loss}_{ACSA} = \lambda_1 \text{Loss}_{ACD} + I\{r = 1\}\lambda_2 \text{Loss}_{ASC}. \tag{8.31}$$

其中，λ_1 和 λ_2 代表 ACD 子任务和 ASC 子任务的任务权重。

8.3 实例应用

8.3.1 数据集介绍

本章使用的数据集是文献 [11] 提出的 MASAD 数据集。该数据集共包含 38532 个样本，涵盖 7 个领域：食物、商品、建筑、动物、人类、植物和场景，具有 57 个预定义属性，如汽车、海滩、狗和猫。数据集中的每个样本包含一张图片和一条推文。样本的属性类别检测任务对应于预定义属性集中的某个属性，属性情感分类任务对应于 {Positive, Negative} 中的某个情感倾向。样本示例如图 8.3 所示。

情感：负面

周五早晨一辆前置式装载机
冲向温莎一辆被压扁的汽车。

情感：正面

1940年的帕卡德OneTen敞篷车。

关注点：车

情感：正面

最近，追球活动变成了仅限周末
的活动。他是最好的狗狗，我超爱它。

情感：负面

一条脏兮兮的小狗！

关注点：狗

图 8.3　MASAD 样本示例

原始 MASAD 数据集提供的训练集和测试集中存在 3492 个重叠样本。为确保后续实验结果的客观性，有必要对重叠样本进行处理。考虑到训练集和测试集的相对比例以及模型训练的充分性，本章选择从测试集中移除重叠样本，并尽可能保留更多的训练样本。重新处理后，训练集和测试集的样本数量分别为 29588 和 8944 − 3492 = 5452。在此基础上，本章根据预设的 57 个属性类别对训练样本进行分层，采用比例分层抽样方法，从训练集中随机选择 10% 的样本作为验证集。

在 MASAD 数据集中，每个样本不仅包含推文的正文，还包含推文的标题。本章将推文的标题与主文本连接起来，共同作为样本的文本信息使用。此外，本章将清理英文文本中常见的停用词和特殊符号。文本统计信息如表 8.2 所示：

表 8.2   文本长度统计

长度	统计
最短	1
25% 分位数	3
50% 分位数	8
75% 分位数	22
平均值	24.37
最大值	3873

8.3.2 评估指标

1. ACSA 任务

ACSA 任务的目标是预测样本 X 对 $y \in \{\text{Positive}, \text{Negative}, \text{Irrelevant}\}$ 的情感表达。对于采用扩展维度建模的模型，它们的预测结果自然属于 ACSA 任务的 3 个标签之一。对于使用分层分类建模的模型，当 ASC 子网络的预测结果为 Irrelevant 时，ACD 子网络的预测结果被视为 Irrelevant，因此 ACSA 任务的预测结果也是 Irrelevant。否则，ACSA 任务的预测结果基于 ASC 子网络的结果。

因此，无论模型是基于扩展维度建模还是层次分类建模，ACSA 任务都可以作为一个常规的多分类任务来评估。本节将使用在属性级情绪分类领域常用的准确率（Accuracy）和宏平均 F1 分数（Macro-F1）作为任务的评估指标。

2. ACD 子任务

ACD 子任务的目标是预测样本 X 与属性 a 之间的相关性，表示为 r，其中 $r \in \{\text{Relevant}, \text{Irrelevant}\}$。因此，本节将使用常见的二分类评估指标如准确率（Accuracy）和 F1 分数来评估 ACD 子任务。

3. ASC 子任务

ASC 子任务的目标是预测在属性 a 中样本 X 表达的情感倾向，表示为 p，其中 $p \in \{\text{Positive}, \text{Negative}\}$。在实际应用场景中，基于所有测试结果评估 ASC 子任务的有效性是不可行的。一方面，当样本 X 和属性 a 无关时，没有可用的情感倾向标签来验证模型预测的情感倾向的正确性。另一方面，对于使用层次分类建模的模型，当 ACD 子网络预测样本 X 与属性 a 无相关性时，通常认为 ASC 子网络的预测结果无效，因此不适合与真实情感倾向标签进行比较。

因此，本节将仅考虑模型的 ACD 子网络预测结果也为 Relevant 且相关性 r 为 Relevant 的样本属性对 (X, a)，以评估模型在正确确定样本与属性之间的相关性的基础上准确预测情感倾向的能力。本节将使用准确率（Accuracy）指标评估 ASC 子任务的有效性。

8.3.3　基线模型

端到端 LSTM（见文献 [6]）是一个基于扩展维度建模的 ACSA 模型。它利用 Bi-LSTM 网络学习文本中的上下文信息，生成前向和后向的句子级文本特征。然后，这些特征与属性的方面嵌入在两个方向上进行连接，实现文本信息和属性信息的结合。最后，模型结合文本特征和特定属性信息来预测样本对属性的情感表达。

ATAE-LSTM 模型（见文献 [9]）最初是为 ASC 任务提出的，它首先将每个单词的词嵌入与属性的方面嵌入连接起来，以增强属性信息在后续文本特征计算中的影响。然后，将连接后的词嵌入到 LSTM 网络中，以捕获每个单词及其上下文内容之间的联系，生成文本隐藏向量。模型然后使用当前属性的方面嵌入作为注意力机制的查询向量，从文本隐藏向量中提取与当前属性相关的语义信息，以预测样本的情感倾向。本节基于原始 ATAE-LSTM 模型采用了增加一维建模方案，并将其转化为 ACSA 任务的文本模型。

联合模型（见文献 [4]）采用层次分类建模方法，分别为 ACD 子任务和 ASC 子任务构建子网络，并基于多任务学习框架完成属性级情感分析任务。在 ACD 子网络中，联合模型设计了一个面向特定方面的注意力机制，以提取与特定属性相关的文本信息，并使用面向特定方面的预测层来增强模型检测属性类别的能力。在 ASC 子网络中，模型继续使用 ACD 子网络提取的面向特定方面的文本特征作为注意力机制的查询向量，进一步提取与特定属性相关的情感信息，以预测 ASC 子任务。

8.3.4　实验结果

本节在 MASAD 数据集上将文本基线模型与提出的多模态联合模型（MJM）进行了比较。文本基线模型仅利用 MASAD 样本的文本信息，而 MJM 模型则利用文本和图像信息。

对于文本信息，使用 GloVe 词向量生成所有单词的 300 维初始词，并构建词嵌入层。模型训练过程中将调整词嵌入层的参数，以更好地适应 MASAD 数据集的内容领域。为了平衡文本内容的完整性和有效语义信息的密度，本节将文本的最大填充长度设置为 25。

对于图像信息，使用预训练的 ResNet50 模型和 Scene-ResNet50 模型提取不同层次的图像特征。具体来说，移除 ResNet50 模型的预测层以获得图像的全局级图像特征，选择 ResNet50 模型最后一个卷积模块计算的特征图作为局部级图像特征。类似地，我们通过移除 Scene-ResNet50 模型的预测层提取场景级图像特征。本节提取的图像特征向量均为 2048 维，特征向量的内容在模型训练过程中保持固定不变。

在网络结构方面，LSTM 网络和中间神经层的大小设置为 150，ASC 子网络中 MFIB 模块的数量设置为 3。在训练参数方面，批次大小设置为 128；使用 Adam 优化算法，整体学习率设置为 10^{-4}；ACD 子任务的损失权重 λ_1 设置为 1.0，ASC 子任务的损失权重 λ_2 设置为 5.0。在模型训练过程中，监控验证集上的 ACSA F1 指标，并保存对应于最佳验证集性能的模型参数。然后在测试集上评估最优模型的性能，并记录测试结果。此外，实现了基于验证集上的 ACSA F1 指标的验证集早停。当模型连续 10 轮未能在验证集上实现更好的 ACSA F1 性能时，训练过程将停止。

ACSA 任务的实验结果如表 8.3 所示。为了消除实验结果的随机性，本章对每个模型进行了 10 次实验，并计算了实验结果的平均值和标准差。总的来说，提出的多模态联合模型（MJM）在 ACSA 任务中实现了最好的准确率（94.30%）和 F1 分数（94.24%），显著优于 3 个文本基线模型。

表 8.3　ACSA 任务的实验结果

模型	ACSA 准确率	ACSA F1
端到端 LSTM	93.34% ± 0.06%	93.18% ± 0.07%
ATAE LSTM	92.87% ± 0.13%	92.70% ± 0.12%
联合模型	92.82% ± 0.10%	92.62% ± 0.11%
MJM	94.30% ± 0.21%	94.24% ± 0.19%

在文本基线模型中，端到端 LSTM 模型和使用扩展维度建模的 ATAE LSTM（增加一维）模型均优于本章提出的基础联合模型。端到端 LSTM 模型和 ATAE LSTM（增加一维）模型的主要结构都是 LSTM 网络。然而，端到端 LSTM 模型包括一个面向 ACSA 任务的特定方面预测层，它更好地捕获了不同属性的语义特征，并为属性级情感分析提供了更详细的建模，因此显示出相对更好的预测能力。联合模型与端到端 LSTM 和 ATAE LSTM（增加一维）模型之间的性能差异可

归因于它们不同的建模方法。端到端 LSTM 和 ATAE LSTM（增加一维）模型采用的扩展维度建模在一个预测层同时预测 ACD 子任务和 ASC 子任务，两个子任务的相应预测结果是互斥的，不会与彼此冲突。相比之下，联合模型中使用的层次分类建模在两个独立的子网络中预测 ACD 和 ASC 子任务，这可能导致子任务的预测结果冲突。

在整体 ACSA 任务实验中，提出的 MJM 模型与 3 个文本基线模型相比显示出不同程度的性能提升。值得注意的是，与基础联合模型相比，MJM 模型通过利用多模态信息显著提高了其属性级情感分析能力。具体来说，MJM 模型在 ACD 子网络中引入描述局部视觉区域的细粒度图像特征，局部级图像特征，并使用跨模态注意力机制自适应地对齐文本和图像中的细节元素，使模型能够有效利用两种模态的细节信息来推断样本与属性之间的相关性。与联合模型相比，当文本中缺乏与当前属性显式相关的内容时，MJM 模型可以额外使用图像信息来确定样本与属性之间是否存在相关性。MJM 模型的多模态能力在一定程度上缓解了前面提到的层次分类建模的潜在限制，从而提高了模型在整体 ACSA 任务上的预测性能。此外，MJM 模型在 ASC 子网络中利用多层特征交互块模块进行多层特征交互设计。该模块可以充分捕获全局级和场景级图像特征中的抽象语义信息与词级和上下文级文本特征之间的交互，并通过自注意力机制进一步集成特征交互的结果。因此，MJM 模型可以综合多个交互视角的信息来判断样本对属性表达的情感倾向。

总之，提出的 MJM 模型能够有效地利用多模态信息进行推理，从而缓解单一模态信息的限制。MJM 模型不仅引入了多层多模态信息，还细化了多层信息的利用，为不同子任务选择不同层次的多模态特征进行推理，并设计了相应的特征使用方法。因此，与文本基线模型相比，MJM 模型在 MASAD 数据集上展现出显著优越的属性级情感分析能力。

在 ACD 子任务消融实验中（如表 8.4 所示），本研究调查了粗粒度和细粒度图像特征对 ACD 子任务预测的影响，并验证了交叉模态注意力机制的有效性。具体来说，基础联合模型被作为起点，而 ASC 子网络结构保持不变。粗粒度的全局级图像特征和细粒度的局部级图像特征被引入到 ACD 子网络中，并在不同的融合机制设置下进行实验。

ACD 子任务消融的实验结果如上表所示。"w/o fusion" 表示没有为 ACD 子网络引入多模态融合机制，处理后的图像特征向量直接与提取的特定方面的文本特征连接，然后输入到预测层中。"w/ Cross-modal Att" 表示在 ACD 子网络中使用交叉模态注意力机制进行多模态特征融合，其中消融模型的 ACD 子网络结构与提出的多模态联合模型（MJM）的 ACD 子网络结构完全一致。

表 8.4　ACD 子任务消融结果

ACD 网络	ACD 准确性	ACD F1
Joint Model	93.88%	93.75%
Joint Model Global-level + Img Feat （w/o fusion）	93.89%	93.78%
Joint Model Local-level + Img Feat （w/o fusion）	94.89%	94.83%
Joint Model Global-level + Img Feat （w/ Cross-modal Att）	93.85%	93.7%
Joint Model Local-level + Img Feat （w/ Cross-modal Att）	**95.24%**	**95.21%**

结果显示，引入粗粒度的全局级图像特征对 ACD 子任务性能的影响较小，无论是否使用多模态融合机制。相比之下，引入细粒度的局部级图像特征显著提高了 ACD 子任务的性能，展示了 ACD 子任务对细粒度视觉信息的敏感性。此外，使用交叉模态注意力机制进行多模态特征融合进一步增强了 ACD 子网络的预测能力。这一发现支持了交叉模态注意力机制能够通过对齐文本和图像模态的细节元素生成高质量多模态表示的观点。

总之，ACD 子任务消融实验确认了提出的多模态联合模型（MJM）在利用多模态信息进行属性级情感分析方面的有效性。结果表明，细粒度视觉信息对预测 ACD 子任务很重要，而交叉模态注意力机制能有效融合多模态特征，提高 ACD 子网络的性能。这些发现对于设计利用多模态信息进行属性级情感分析的深度学习模型具有重要意义。

在 ASC 子任务消融实验中（如表 8.5 所示），本研究调查了高级图像特征对 ASC 子任务预测的辅助作用以及引入多级图像特征的必要性。具体来说，基础联合模型被当作起点，而 ACD 子网络结构保持不变，逐步引入表达全局视觉信息的全局级图像特征和表达场景视觉信息的场景级图像特征到 ASC 子网络中。本实验旨在验证高级图像特征对 ASC 子任务预测的影响以及引入多级图像特征的必要性。

由于在 ASC 子网络中利用高级图像特征依赖于本研究设计的多级特征交互

块（MFIB）模块，使用图像特征的消融模型与基础联合模型将存在结构差异。为消除子网络结构差异对消融比较的干扰，设置了一个额外的消融模型。该消融模型为纯文本信息条件下的联合模型引入 MFIB 模块，并移除 MFIB 模块中与图像特征相关的注意力机制，仅保留相应的纯文本特征。

表 8.5　ASC 子任务消融结果

ASC 网络	ASC 准确性
Joint Model	93.42%
Joint Model （w/ MFIB）	95.20%
Joint Model （w/ MFIB） + Global-level Img Feat	95.69%
Joint Model （w/ MFIB） + Scene-level Img Feat	95.88%
Joint Model （w/ MFIB） + Global-level Img Feat + Scene-level Img Feat	96.06%

ASC 子任务消融的实验结果如表 8.4 所示。"w/ MFIB" 代表使用 MFIB 模块构建模型的 ASC 子网络。结果显示，在纯文本信息条件下，向基础联合模型引入 MFIB 模块显著提高了 ASC 子任务的性能。这一发现表明，MFIB 模块不仅限于整合不同模式的多级信息，还能有效地交互和结合单一模式的多级信息，从而提高模型利用文本信息的能力，实现在 ASC 子任务上的更好性能。

此外，随着全局级图像特征和场景级图像特征的引入，ASC 子任务的性能进一步提高，表明高级图像特征在预测情感倾向中的辅助作用。通过同时引入两级图像特征，ASC 子任务的性能达到最优水平，间接反映了结合不同描述的多级信息的好处，为 ASC 子任务的推理提供了更全面的信息。

总之，ASC 子任务消融实验确认了提出的 MFIB 模块在利用多级信息进行属性级情感分析中的有效性。结果还表明，高级图像特征在预测情感倾向中起着重要作用，引入多级图像特征可以为推理提供更全面的信息。这些发现对于设计利用多级信息进行属性级情感分析的深度学习模型具有重要意义。

8.4　讨论

本研究基于多任务学习的思想，提出了一个属性类别检测和属性情感分类任务的联合建模方法。提出了一个多模态场景下的属性级情绪分析的多模态联合模型（MJM），它引入了文本模态的词级文本特征和上下文级文本特征，以及图像模态的全局级、场景级和局部级图像特征。通过整合不同模态的多级信息，MJM模型充分捕获了多模态场景中的详细信息。文本模态被视为主要模态，将文本模态的多级信息作为基础特征引入到两个子任务的子网络中。图像模态被视为辅助模态，根据不同子任务的特点使用不同级别的图像特征进行推理。

对于属性检测子任务，ACD子网络引入了局部级图像特征以捕获更多的局部细节语义。交叉模态注意力机制用于适应性地对齐文本和图像模态的细粒度元素，使模型能够有效利用两种模态的详细信息来确定样本与属性之间的相关性。对于属性情感分类子任务，ASC子网络引入了全局级图像特征和场景级图像特征，以更好地表达全局抽象语义。通过设计一个MFIB模块，与不同模态的多级信息交互，提取深层情感信息，模型能够更准确地判断样本对属性表达的情感倾向。

本章在MASAD数据集上对ACSA任务、ACD子任务消融和ASC子任务消融进行了实验。MJM模型在ACSA任务实验中达到了最优的准确率水平和最优的F1水平，显示出比文本基线模型显著更高的属性级情感分析能力。在ACD子任务的消融实验中，本研究验证了ACD子任务对细粒度视觉信息的敏感性和交叉模态注意力机制在多模态融合中的有效性。在ASC子任务消融实验中，本研究展示了高级图像特征所表达的抽象视觉语义对情感倾向预测的辅助作用，并间接反映了MFIB模块在信息交互层面的作用。

一个潜在的改进方向是为属性级情感分析任务的两个子任务设计特征选择模块。目前，模型中不同级别特征的使用主要来源于对子任务特性的理解和对多模态样本的先前观察。实际上，同一级别的特征在不同样本的任务推理过程中所起的作用可能存在一定差异。因此，理想的建模方法是对两个子任务不加区分地引入所有级别的多模态特征。在预测过程中，引入特征筛选模块，为两个子任务选择有价值的特征，过滤掉冗余和噪声特征，实现最优信息利用。

参考文献

[1] BU J, REN L, ZHENG S, et al. ASAP: A Chinese review dataset towards aspect category sentiment analysis and rating prediction[J]. arXiv preprint arXiv:2103.06605,2021.

[2] GRAVES A, MOHAMED A, HINTON G. Speech recognition with deep recurrent neural networks[C]// 2013 IEEE international conference on acoustics, speech and signal processing. 2013: 6645-6649.

[3] HE K, ZHANG X, REN S, et al. Deep residual learning for image recognition[C]// Proceedings of the IEEE conference on computer vision and pattern recognition. 2016: 770-778.

[4] LI Y, YANG Z, YIN C, et al. A joint model for aspect-category sentiment analysis with shared sentiment prediction layer[C]//Chinese Computational Linguistics: 19th China National Conference, CCL 2020, Hainan, China, October 30–November 1, 2020, Proceedings 19. Springer International Publishing, 2020: 388-400.

[5] PENNINGTON J, SOCHER R, MANNING C D. Glove: Global vectors for word representation[C]//Proceedings of the 2014 conference on empirical methods in natural language processing (EMNLP). 2014: 1532-1543.

[6] SCHMITT M, STEINHEBER S, SCHREIBER K, et al. Joint aspect and polarity classification for aspect-based sentiment analysis with end-to-end neural networks[J]. arXiv preprint arXiv:1808.09238,2018.

[7] TSAI Y H H, BAI S, LIANG P P, et al. Multimodal transformer for unaligned multi-modal language sequences[C]//Proceedings of the conference. Association for computational linguistics. Meeting. NIH Public Access, 2019, 2019: 6558.

[8] VASWANI A, SHAZEER N, PARMAR N, et al. Attention is all you need[J]. Advances in neural information processing systems, 2017, 30.

[9] WANG Y, HUANG M, ZHU X, et al. Attention-based LSTM for aspect-level sentiment classification[C]//Proceedings of the 2016 conference on empirical methods in natural language processing. 2016: 606-615.

[10] ZHANG W, LI X, DENG Y, et al. A survey on aspect-based sentiment analysis: Tasks, methods, and challenges[J]. IEEE Transactions on Knowledge and Data Engineering, 2022, 35(11): 11019-11038.

[11] ZHOU J, ZHAO J, HUANG J X, et al. MASAD: A large-scale dataset for multimodal aspect-based sentiment analysis[J]. Neurocomputing, 2021, 455: 47-58.